Contents

無限是什麼

即使是宇宙中基本粒子的數量，也遠遠不及無限

無限是一件非常難以想像的事

所謂的無限，顧名思義是指「沒有極限」、「沒有邊界」、「無窮無盡」的意思，但若要在腦海中想像出無限的世界卻十分困難。

無限並不能和有限的數做比較，絕對數不完才能稱為無限。即使是一眼望去遍布全宇宙的質子，它的數量（＝約10的79次方，1的後面排79個0的）在無限面前，也只是小之又小的數字。

人類古希臘時代就開始思考無限的問題，但似乎每個哲學家都認為這個世界是有限的，因此他們十分厭惡會讓人陷入混亂爭論的無限概念。

然而，最初受到大哲學家們嫌棄的無限，後來卻為科學帶來了極大的發展。

無限擴展的鏡中世界

一間立方體房間內部牆面貼滿了鏡子。當你走進這個房間，會看到如插圖所示的無限擴展場景，你的身影無限地反覆顯映在相對的鏡面中。

無限是什麼

再怎麼巨大的數也無法表現無限

無限和有限無法比較

在我們的周遭有許多大到數不完的龐大數字，右圖舉出幾個比較熟悉的數字。

地球上水分子的總量、銀河系中恆星的個數、全宇宙的質子數量之類，若想在有限的時間內數完如此巨大的數，幾乎是不可能的事。

對我們來說，這些數已經是「事實上的無限」了，但它們仍然屬於有限範圍內的數。無限是這些有限數字無法相比的東西。

地球的人口（約7×10^9）

表示無限大的符號
（據說是由英國數學家沃利斯於1656年率先使用）

可觀測宇宙範圍內質子的總數量
（愛丁頓數，約10^{79}）

銀河系中恆星的個數
（約$2×10^{11}$）

地球上水分子的總數（約10^{47}）

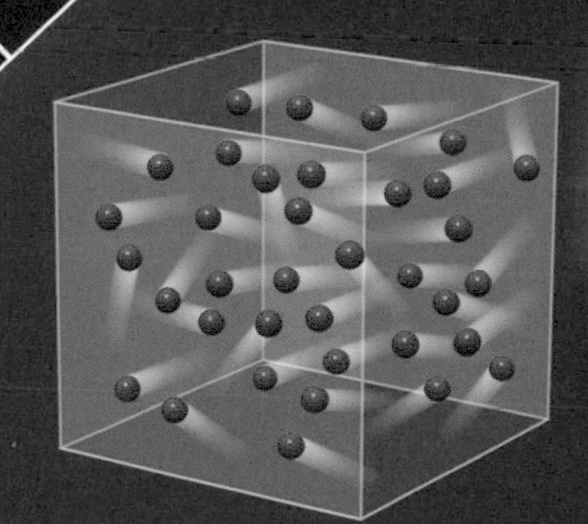

構成1莫耳※物質的分子數
（亞佛加厥數，約$6×10^{23}$）

※：在溫度0°C，1大氣壓之下體積約22.4公升中所含的氣體分子

只用整數和分數就能填滿數線？

若是如此，數線上會到處都是空隙

如果以數線舉例又是如何呢？我們打算把各式各樣的數放在數線上。首先準備無限個整數，把它們全部放在數線上，但是馬上就會發現數線上仍然到處都是空隙。

因此接下來填入「有理數」，也就是「$\frac{1}{3}$」、「$\frac{39129}{7528}$」等分母和分子都用整數表示的數。於是，把有理數密密麻麻地填入 0 和 1 之間的空隙。若填入無限個有理數，數線應該就會被填滿而沒有空隙了吧？

但即使如此，數線上仍然殘留著空隙，例如圓周率π的位置上就留有空隙，$\sqrt{2}$的位置也留有空隙。因此，只用有理數並無法填滿數線的空隙。

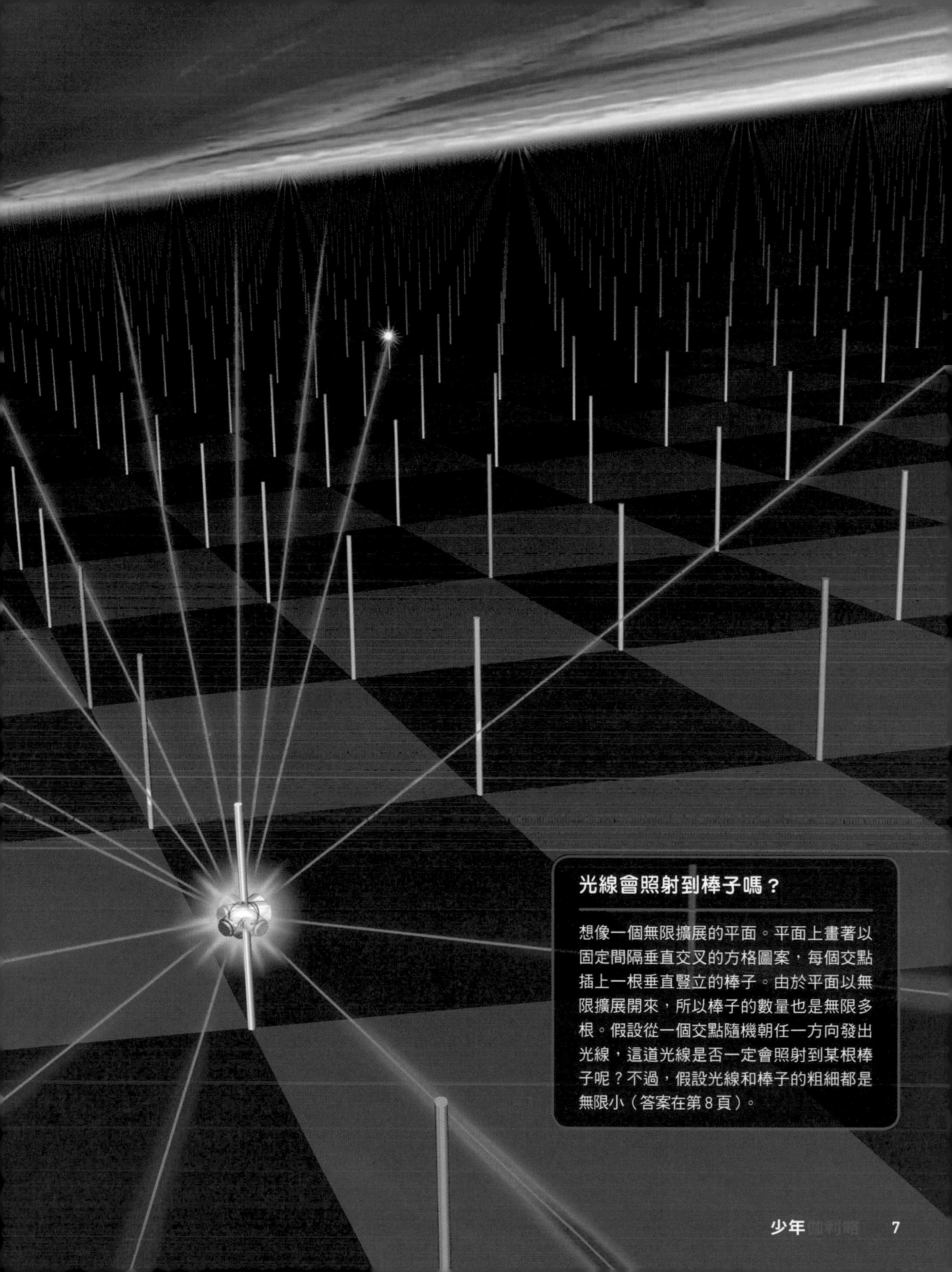

光線會照射到棒子嗎？

想像一個無限擴展的平面。平面上畫著以固定間隔垂直交叉的方格圖案，每個交點插上一根垂直豎立的棒子。由於平面以無限擴展開來，所以棒子的數量也是無限多根。假設從一個交點隨機朝任一方向發出光線，這道光線是否一定會照射到某根棒子呢？不過，假設光線和棒子的粗細都是無限小（答案在第8頁）。

無限是什麼

同樣是無限，但「濃度」有差異

無理數的無限比有理數的無限更濃

德國數學家康托（Georg Cantor，1845～1918）發明以「濃度」來比較無限程度的方法。他假設自然數、整數、有理數等的無限全都具有相同的濃度，並且把這個濃度定為「$\aleph_0$」。

若要填滿數線，必須有比自然數與有理數更「濃」的無限才行，也就是「無理數」的無限。無理數是指分數的分母及分子無法以整數表示的數字。康托把無理數的無限濃度定為「$\aleph_1$」，並且認為$\aleph_1$比$\aleph_0$大。$\aleph_1$的無限才是能夠毫無縫隙填滿數線的無限。

根據康托所說，無限有不同濃度，才能使無限之間做正確的比較。無限開始能以數學做嚴謹的處理計算。

光線幾乎不會碰到棒子

我們來思考一下前頁的問題吧！如右邊插圖所示，假設光源所在位置為原點。如果光線照射到棒子，即相當於直線通過座標中含有整數的點。由於光線**A**和**B**的斜率為有理數，所以光線會碰到棒子。另一方面，光線**C**和**D**的斜率為無理數，所以光線絕對不會碰到棒子。由於無理數遠比有理數多上許多，所以光線幾近100%的機率不會碰到棒子。

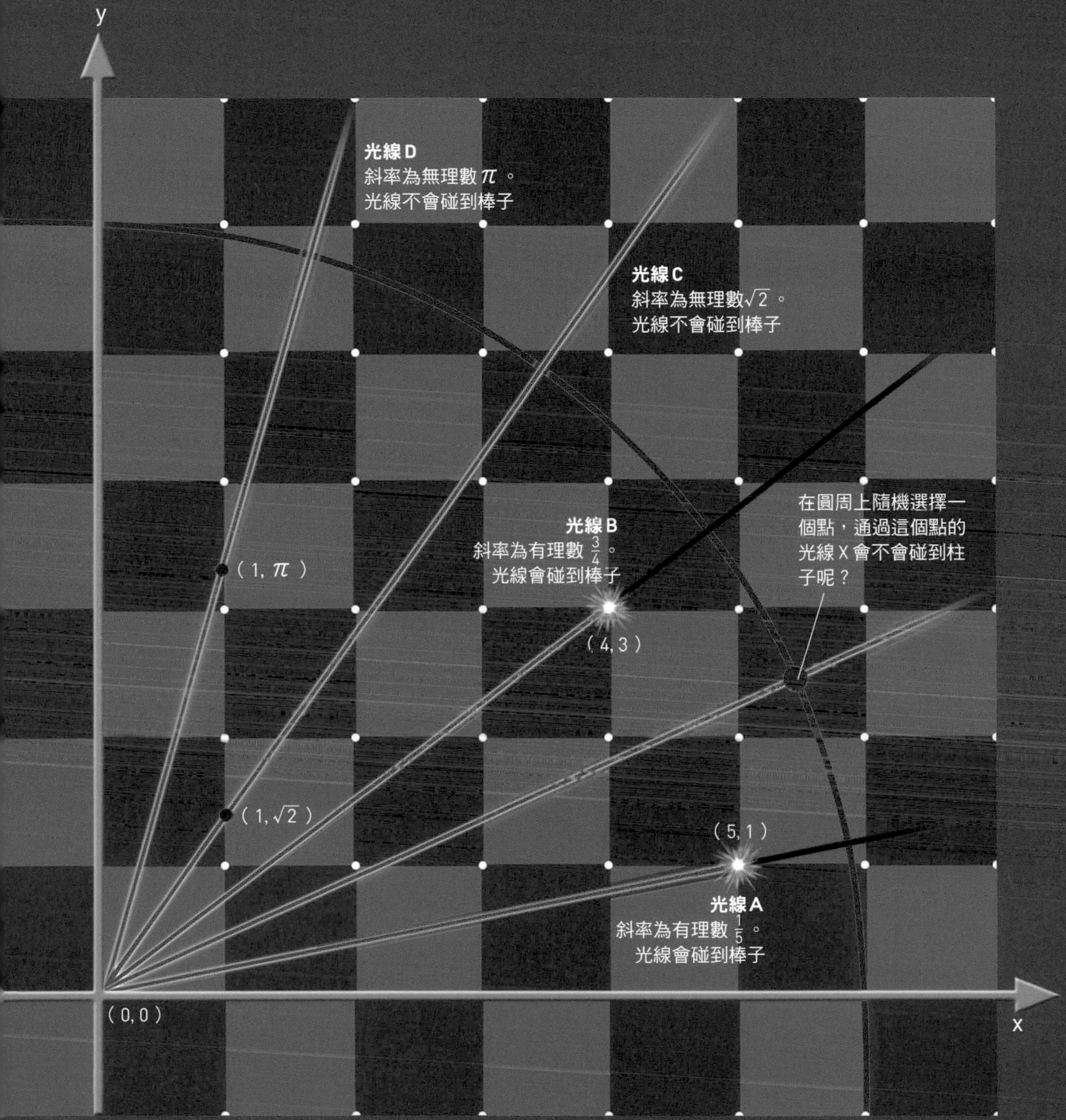

y

光線 D
斜率為無理數 π 。
光線不會碰到棒子

光線 C
斜率為無理數 $\sqrt{2}$ 。
光線不會碰到棒子

光線 B
斜率為有理數 $\frac{3}{4}$ 。
光線會碰到棒子

在圓周上隨機選擇一個點，通過這個點的光線 X 會不會碰到柱子呢？

$(1, \pi)$

$(4, 3)$

$(1, \sqrt{2})$

$(5, 1)$

光線 A
斜率為有理數 $\frac{1}{5}$ 。
光線會碰到棒子

$(0, 0)$

x

Column

Coffee Break

線、面、立體都是由點集合而成

在學校裡，我們學到了點的大小為0，點集合起來即成為線，但或許有些讀者無法理解這件事。既然點的大小為0，那麼無論集合了多少個點，它的長度應該還是0才對，為什麼會成為直線呢？無論有多少個0加在一起應該都是0，也就是「0＋0＋0＋……＝0」？

無限個大小為0的點集合起來，竟然會成為具有長度的線真是不可思議。但不妨暫且認同這件事吧！由於長度為1的線段是由無限個大小為0的點集合而成，所以可以表示成「0＋0＋0＋……＝1」。依此類推，長度為2的線段則也可以表示成「0＋0＋0＋……＝2」。這麼一來，把無限個0加起來似乎可以成為任何數。

此外，我們還知道無限延伸的直線中所含的點「個數」，也和有限長度的線段中所含的點「個數」相同。

插圖所示為線（1維物體）、面（2維物體）、立體（3維物體）都是由大小為0的點集合而成的意象。而且無論是幾個維度，點的「個數」（濃度）全部都相同。

「面」由大小為0的點集合而成

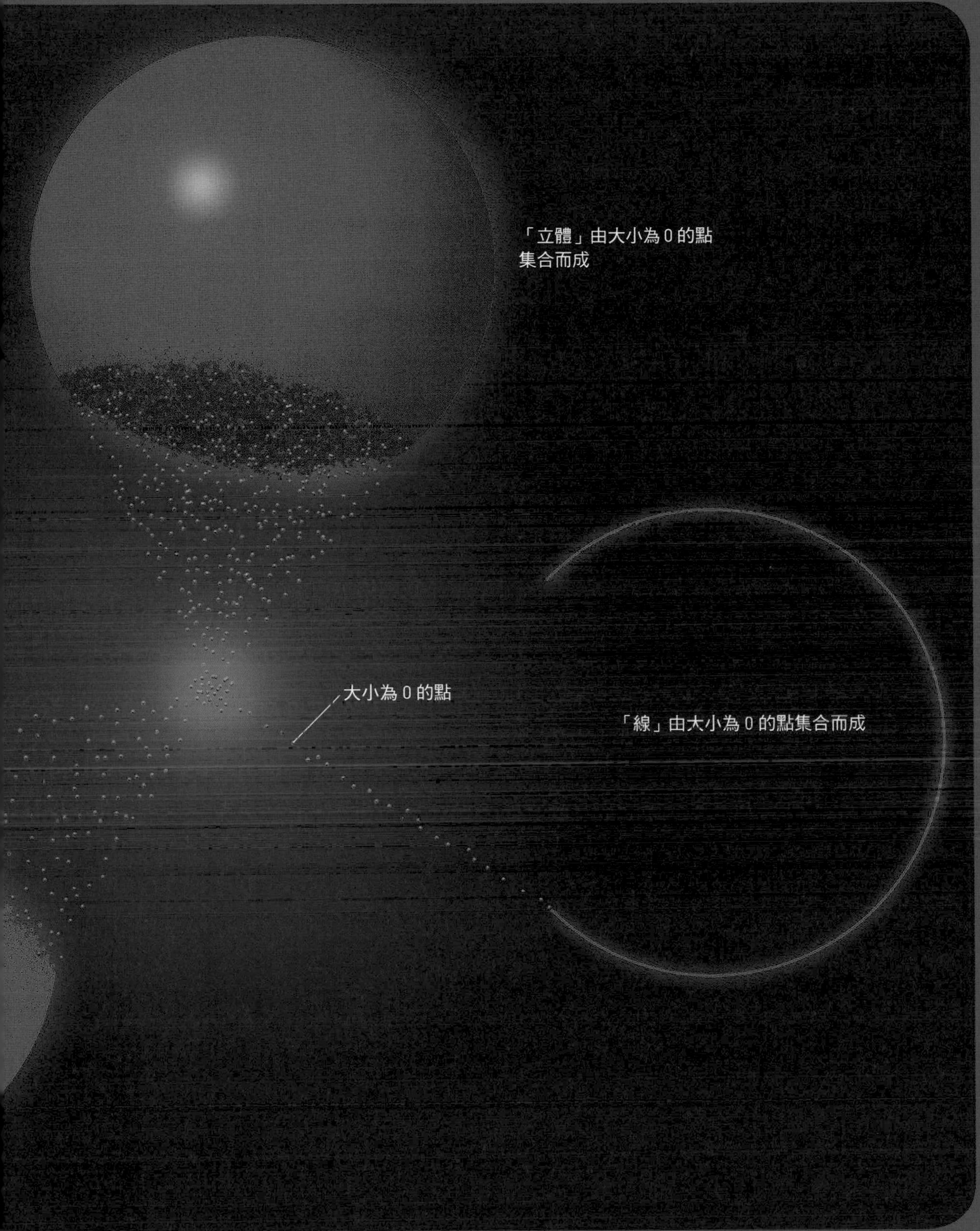

「立體」由大小為 0 的點
集合而成

大小為 0 的點

「線」由大小為 0 的點集合而成

如何計算無限？

磚塊能往橫向挪移堆疊到什麼程度？

磚塊能往橫向挪移無限堆疊

從這裡開始來逐步探討無限的計算問題吧！

把相同形狀的磚塊一個個往上堆疊，而且每個都往橫向挪移一點點，此時最上層磚塊和最下層磚塊之間形成的橫向挪移寬度，最多能挪移到什麼程度呢？

如果計算堆疊在某高度磚塊上方所有磚塊的共同重心，再把磚塊疊在這個位置上，則即使堆疊其上的橫向挪移寬度超過一個磚塊的距離，也不會垮掉。

結論是，只要下方磚塊能支撐堆疊其上所有磚塊的共同重心，便能無限地橫向挪移。

磚塊無限往橫向挪移

只要上方所有堆疊磚塊的同重心朝正下方延伸的線能被下方磚塊撐住，磚塊堆就不會垮掉。假設磚塊的長度為 2，則依照最上層磚塊和上面數來第 2 層的磚塊挪移 1、第 2 層和第 3 層挪移 $\frac{1}{2}$、第 3 層和第 4 層挪移 $\frac{1}{3}$ 的方法，便可使挪移寬度達到最大。

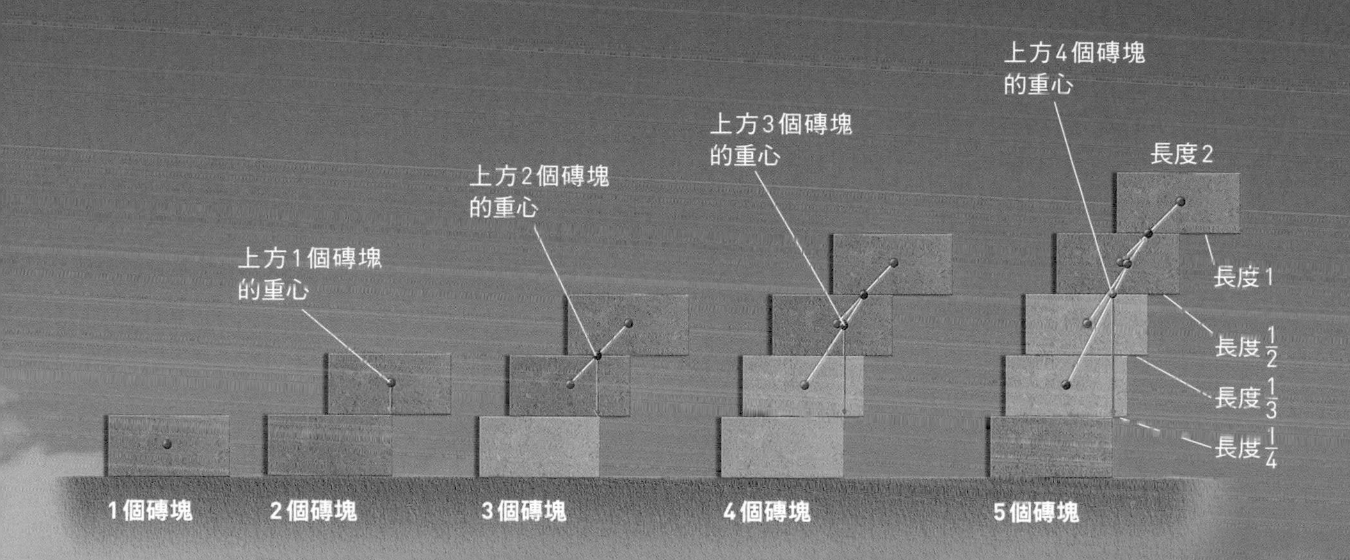

如何計算無限？

兩棵成長速度不同的樹木，最後究竟會如何？

一棵無限大，一棵則不到2公尺

現在來思考一下加上的數越來越小的無限個數加法吧！

假設有A、B兩棵高度都是1公尺的樹，每年都會長高。A樹第1年長高$\frac{1}{2}$公尺，第2年長高$\frac{1}{3}$公尺，第3年長高$\frac{1}{4}$公尺，第4年長高$\frac{1}{5}$公尺，以這樣的步調逐年成長。而B樹第1年長高$\frac{1}{2}$公尺，第2年長高$\frac{1}{4}$公尺，第3年長高$\frac{1}{8}$公尺，第4年長高$\frac{1}{16}$公尺，以這樣的步調逐年成長。假設這兩棵樹都會永遠成長下去，經過無限長的時間之後，兩樹的成長狀況會出現什麼樣的差異呢？

經過無限長的時間之後，A樹的高度為無限大（∞），B樹的高度則隨著時間經過，無窮盡地越來越接近2公尺，但絕對無法達到2公尺。這在數學上稱為「收斂」（convergence）於2。

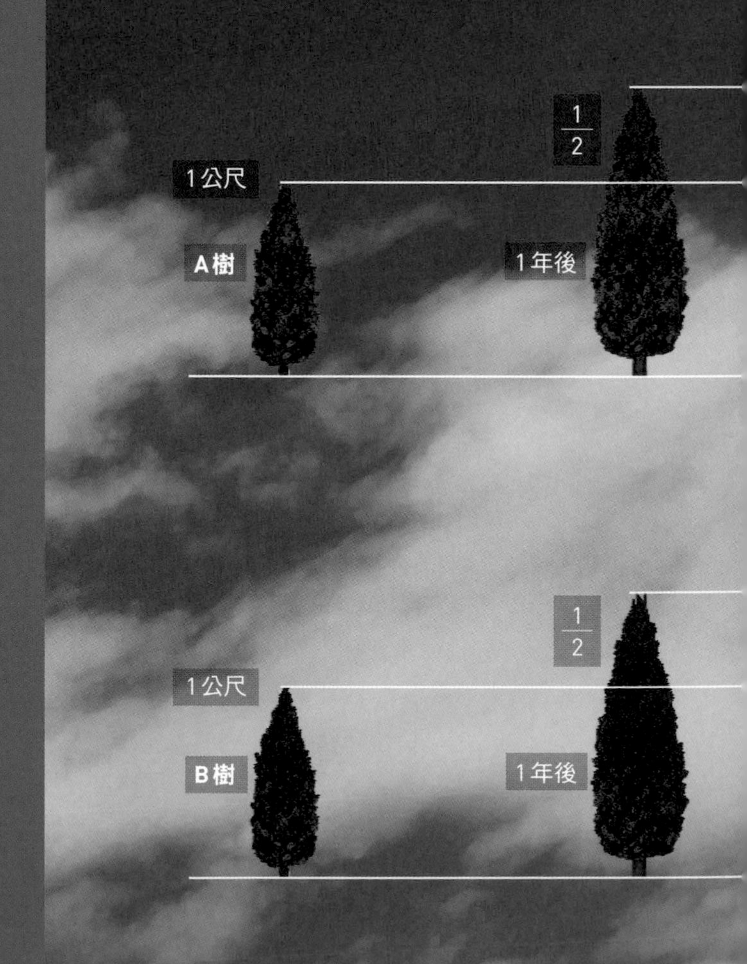

1/3
1/4
2年後
3年後
2公尺
1/4
1/8
2年後
3年後

如何計算無限？

為什麼絕對追不上嬰兒？

這個悖論該如何解決？

「假如在你前方5公尺處，有一個嬰兒正在向前爬行，而你絕對追不上？」為什麼呢？因為當你追到嬰兒所在的A處時，嬰兒已經爬到B處；當你又追到B處時，嬰兒則已經爬到C處，這樣的情形會無限地延續下去，所以你絕對無法追上嬰兒。

當然，現實的情形不會是如此。實際做這件事的時候，一定能立刻追上甚至超越嬰兒。但是上面提到的情形在邏輯上似乎也沒有錯。

在上面的悖論（paradox）中，我們會下意識認為「無限地一直加上去，答案應該會成為無限大」。**但事實上，「無限地一直加上去，答案必定會成為無限大（發散）」是個嚴重的誤解**。無止境地一直加上去，答案不見得會成為無限大。

追到嬰兒所在的地方時，嬰兒又向前爬進了一些

插圖依據著名的「阿基里斯與烏龜」（Achilles and the Tortoise）悖論改編而成，變成快跑的成人無法追上慢爬的嬰兒。當成人追到嬰兒最初所在的A處時，嬰兒在這段期間已經爬到更前方的B處；成人追到B處時，嬰兒在這段期間又爬到更前方的C處。這樣的情形無限地一直發生，所以成人絕對無法追上嬰兒。不過這個結論顯然與事實不符。

當成人抵達嬰兒所在的地點時，嬰兒已經爬到更前方

如何計算無限？

無限地加上去
卻得到有限值的加法

不斷地加上去，所得到的和
不見得會無限地增加

不斷地加上去就一定會得到無限大的答案嗎？這可不見得，以下就是一個例子。

在左頁的①中，第一項是全體的一半，第二項是剩下的一半，第三項是又剩下的一半……，並以這樣的方式不斷地加上去。這個加法算式只要利用插圖來看即可明白，圖形會逐漸鋪成一個面積為 1 的正方形，因此答案會收斂於 1。

各式各樣的無限加法算式

① $\frac{1}{2}+\frac{1}{4}+\frac{1}{8}+\frac{1}{16}+\frac{1}{32}\cdots\cdots=1$

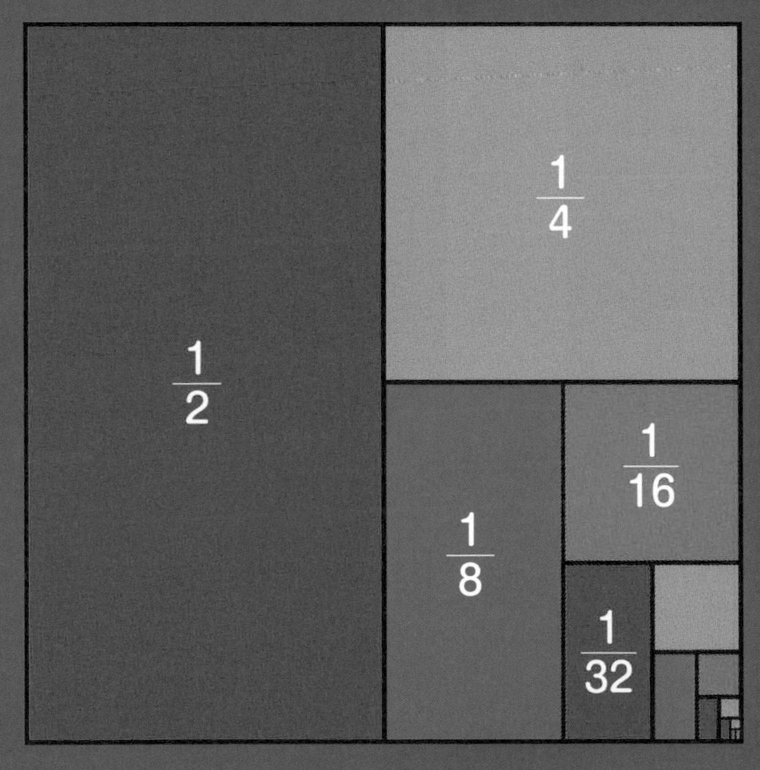

上方是無限相加的加法算式，第一項是全體的一半（$\frac{1}{2}$），第二項是剩下的一半（$\frac{1}{4}$），第三項是又剩下的一半（$\frac{1}{8}$）……，以這樣的方式不斷地加上去，相當於逐漸鋪成一個正方形。

右頁的②稱為「萊布尼茲公式」（Leibniz formula for π）。這個加法和減法交替而無限延續的算式，答案會收斂於圓周的 $\frac{1}{4}$。

而在③的加法算式中，加上去的數則是逐漸趨近於0，或許會讓人以為答案可能趨近於某個數，但由於這個加法算式是無止境地加上去，所以不會收斂，而是會發散（divergence）。

在前頁的例子中，成人和嬰兒的距離是5公尺。假設成人的前進速度是秒速5公尺，嬰兒的前進速度是秒速0.5公尺，則成人在1.111……（$\frac{10}{9}$）秒後就能追上嬰兒。

無限地加上去並不一定會得到無窮大的答案。

$$② \quad 1-\frac{1}{3}+\frac{1}{5}-\frac{1}{7}+\frac{1}{9}-\frac{1}{11}+\cdots\cdots=\frac{\pi}{4}$$

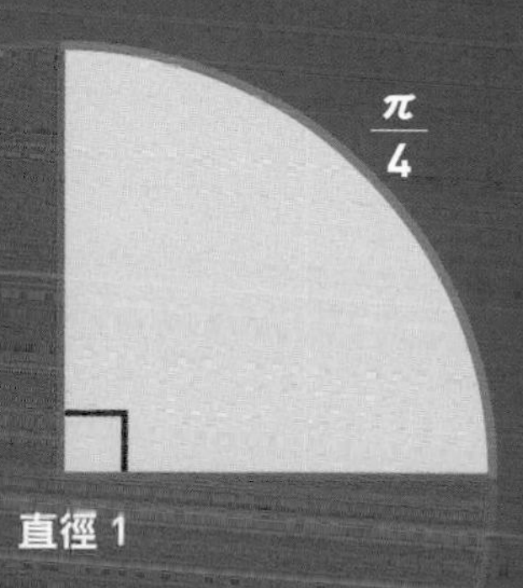

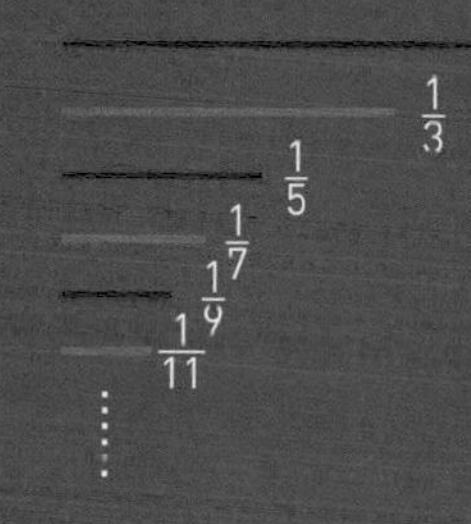

上方的無限相加的加法算式稱為「萊布尼茲公式」。左項是把奇數由小至大依序排列作為各項的分母，再把各項依序交替加減。依照這個規律無限相加的算式答案，竟然等於直徑為1的圓周的4分之1。

$$③ \quad 1+\frac{1}{2}+\frac{1}{3}+\frac{1}{4}+\cdots\cdots=\infty$$

上方算式的左項是把自然數的倒數依序無限地加上去。加上去的數越來越小，無止境地趨近於0。但最終的答案並沒有收斂於某個有限值，而是會發散。像這樣趨近於0的步調比較慢，則無限相加的算式便會發散。

Column

Coffee Break

∞其實不是數

數學的「∞」（無限大）符號究竟代表什麼意義呢？

把數依循某個規則排列稱為「數列」。右邊的①是依照第一個數為1，後面的數每個各加1的規則排列而成的數列。若以符號表示，則記成「$\lim_{n\to\infty} n$」。這個數列會無窮盡地越來越大。

數列無窮盡地越來越大稱為「數列發散至無限大」。以①數列來說，可以記成「$\lim_{n\to\infty} n = \infty$」（②），這就是∞的意義。也就是說，∞是表示「無窮盡越來越大的事實」符號。

關於∞經常有個誤解，會讓人以為「∞是一個數」。由於∞不是一個數，所以並不適用於加法、減法、乘法、除法等「數的常識」。

數（實數）加上2，則必定比原來的數大。但是，把∞加上2，仍然是∞（$\lim_{n\to\infty}(x+2)=\infty$）。把∞減去2、乘上2、除以2，都仍然是∞，所以∞完全不適用於一般數的常識。

①和③兩個數列都會無窮盡地越來越大。這個事實可以記成②和④兩個數式。由於③的各項增大的速度比①快得多，但②和④的右邊卻以相同的∞來表示，讀者或許會覺得很奇怪吧！但是，②和④的右邊的∞所表示的意義，是代表數列實際上會無窮盡地越來越大，因此②和④右邊的∞並不能比較大小。

$$1, 2, 3, \cdots, n, \cdots \qquad ①$$

$$\lim_{n \to \infty} n = \infty \qquad ②$$

$$1^4, 2^4, 3^4, \cdots, n^4, \cdots \qquad ③$$

$$\lim_{n \to \infty} n^4 = \infty \qquad ④$$

無限延續的圓周率π

圓周率有無限多個位數

利用正多邊形與圓的關係思考圓周率！

正5邊形
$\pi \fallingdotseq 2.938926$

正4邊形
$\pi \fallingdotseq 2.828427$

正3角形
$\pi \fallingdotseq 2.598076$

圓與其內接正多邊形的差（空隙）

現在來探討一下無限延續的圓周率π吧！

3.14159265358979……，這是圓周長度除以直徑所得到的值，也就是圓周率π。我們永遠無法得知圓周率的全貌，也就是絕對無法看到這個無限延續小數的最後一個數字。

古希臘辯論家安提豐（Antiphon，西元前480～411）認為，「依照正4邊形，正8邊形，正16邊形，正32邊形的概念，不斷地增加頂點，則形狀會逐漸接近圓形，最後成為一個圓」。

而阿基米德（Archimedes，西元前287～212）則將這個發想運用於計算圓周率。阿基米德計算了正96邊形的周長，依此算出圓周率為3.14。現在所知的圓周率位數呈現爆炸性增加。美國人馬利坎（Timothy Malican）於2020年1月創造了50兆個位的驚人紀錄。2021年8月，瑞士研究人員宣稱，超級電腦已將圓周率π計算到第62.8兆個位，如果這項計算結果獲得驗證，將會成為新的世界紀錄。

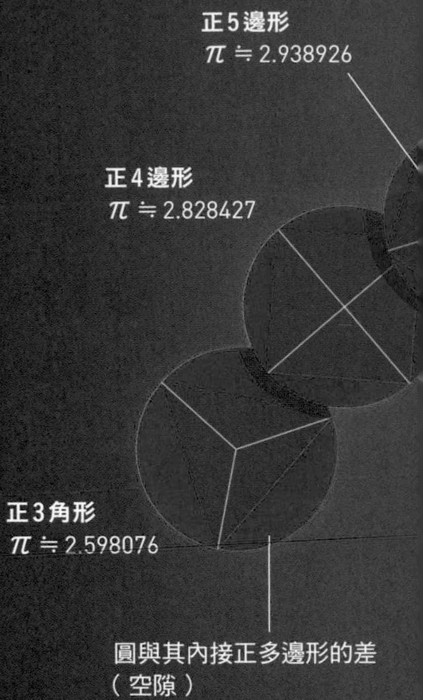

範例

正n邊形

$$\pi \fallingdotseq \frac{（正n邊形的周長）}{（外接圓的直徑）}$$

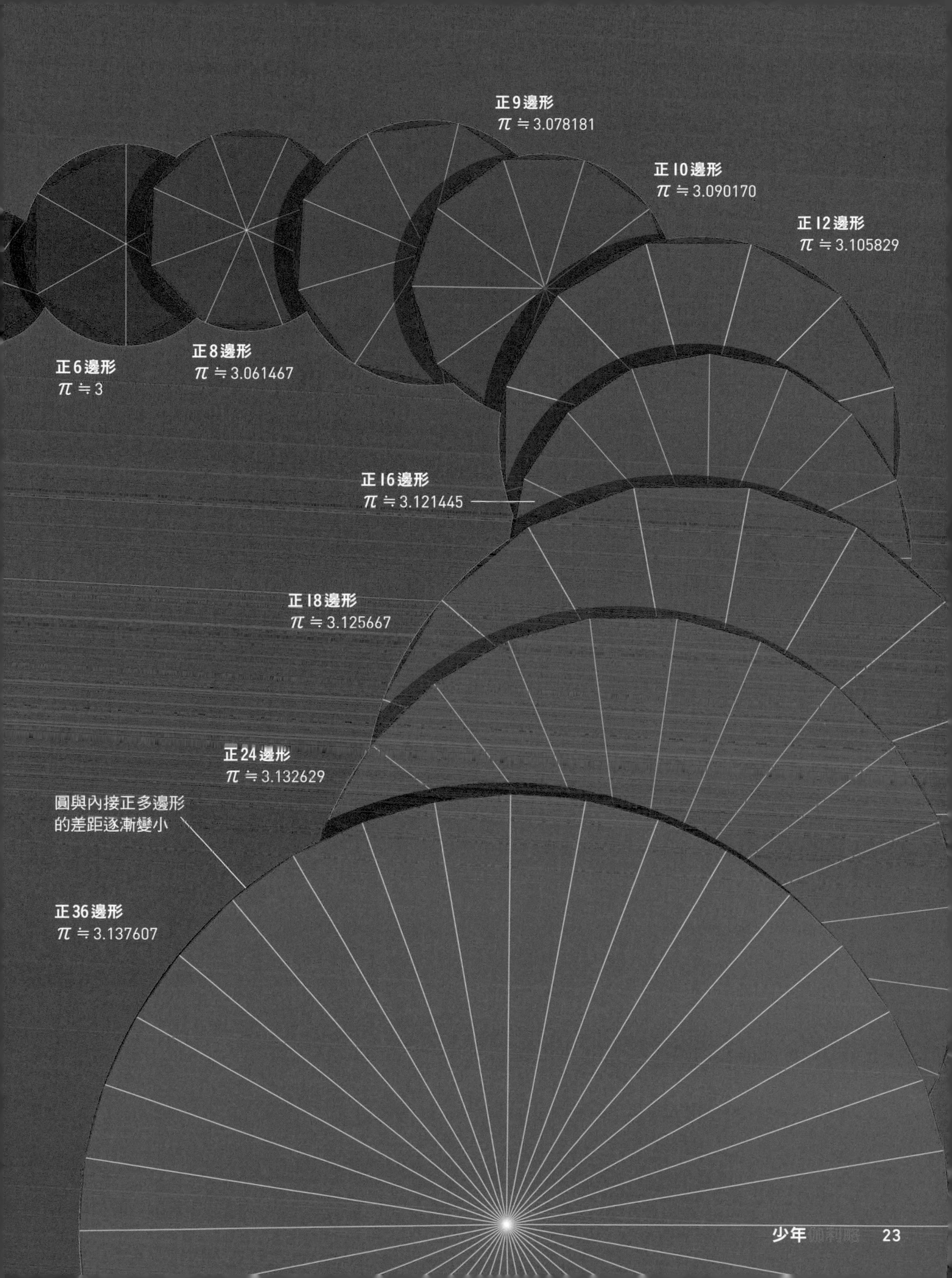
正9邊形
π ≒ 3.078181
正10邊形
π ≒ 3.090170
正12邊形
π ≒ 3.105829
正6邊形
π ≒ 3
正8邊形
π ≒ 3.061467
正16邊形
π ≒ 3.121445
正18邊形
π ≒ 3.125667
正24邊形
π ≒ 3.132629
圓與內接正多邊形
的差距逐漸變小
正36邊形
π ≒ 3.137607

無限延續的圓周率π

圓周率要多少個位數才夠用？

即使銀河系的尺度也只要23個位就夠了

世界上有人能背誦圓周率到10萬個位數。然而在實用上圓周率要到多少個位數才不會有困難呢？

假設有一種直徑1公分的彈珠，若想將彈珠塞滿直徑1公尺的圓周內，最多能夠放入多少顆呢？只要記得圓周率是「3.14」，便會知道最多可以放入314顆彈珠。把這個計算方式套用到直徑1萬公里的圓（地球的尺度）後，如果想把計算的誤差控制在1顆彈珠的程度，必須知道圓周率的多少個位數呢？答案是小數點以下9位數。

把這個計算方式套用到直徑100億公里的圓（太陽系的尺度），則答案是小數點以下15位。即使是套用到直徑100京公里的圓（銀河系的尺度），也只需要小數點以下23位就行了。也就是說，只要知道「3.14159265358979323846264」就已綽綽有餘。

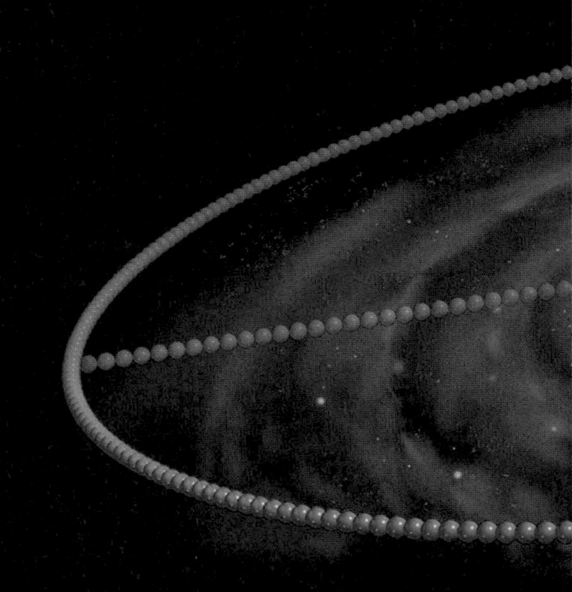

直徑 1 萬公里（地球的尺度）的圓周內，最多能放入3141592653顆彈珠。
計算所需的圓周率為小數點以下9位數。

直徑100億公里（太陽系的尺度）的圓周內最多能放入3141592653589793顆彈珠。
計算所需的圓周率為小數點以下15位數。

直徑100京公里（銀河系的尺度）的圓周內最多能放入3141592653589793238462643顆彈珠。
計算所需的圓周率為小數點以下23位數。

無限延續的圓周率π

試試看把圓周率可視化

看不出無限延續的數列有任何規則性

圓周率（π）小數點以下的數字會無窮無盡地延續下去。

以分母和分子都是整數（但分母為0的情形除外）所表示的分數稱為有理數。把有埋數化為小數時會成為「循環小數」或「有限小數」。例如$\frac{1}{7}$（＝0.142857142857⋯）及$\frac{1}{17}$（＝0.05882352941176470588235294117647⋯）等小數點以下會反覆出現的固定數字列，稱為「循環小數」。而$\frac{6}{5}$（＝1.2）則會在某個位結束，這種小數稱為「有限小數」，有限小數也可以視為後面都是循環為0的循環小數。

但是，如果把圓周率以小數表示，數字則絕對不會循環。觀察右圖即可明白，圓周率的數字排列並沒有出現任何規律！

圓周率無法以分子和分母都是整數的分數來表示。也就是說，圓周率不是有理數，這種數稱為「無理數」。

「圓周率」的小數看不出任何規則性

本圖所示為π＝3.141592⋯⋯列出小數點以下200位數的數字。各個不同的數字以不同的顏色表示。由於π不是循環小數，完全看不出任何規則性。

圓周率 π ＝

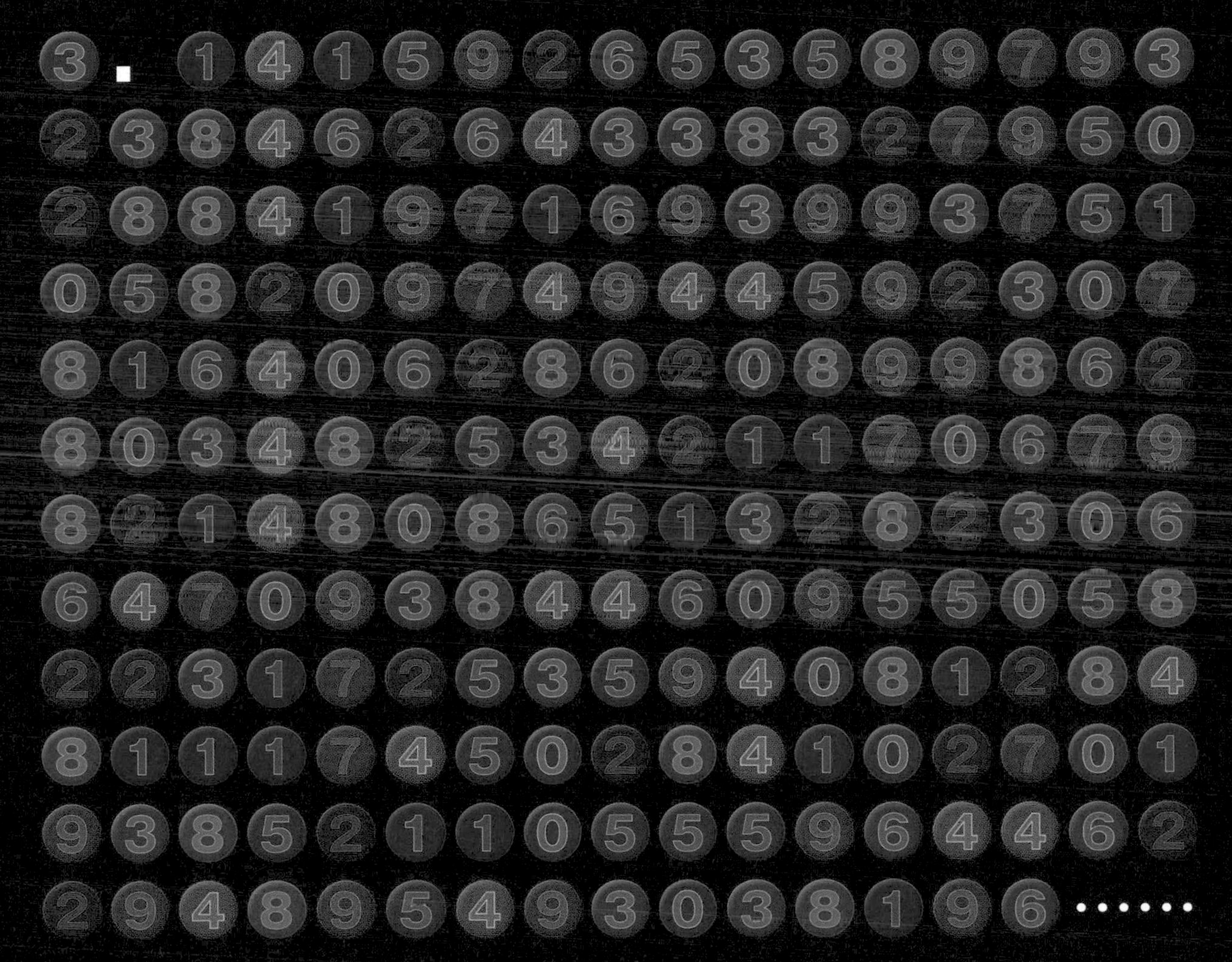
3.1415926535897932
23846264338327950
28841971693993751
05820974944592307
81640628620899862
80348253421170679
82148086513282306
64709384460955058
22317253594081284
81117450284102701
93852110555964462
294895493038196……

無限延續的圓周率π

圓周率裡面出現不可思議的數列

在圓周率裡面發現許多有趣的數列

目前已知在圓周率的數字排列中，含有許多不可思議的數列，以下介紹其中一個範例。

①表示依據π實際計算所求得小數點以下2兆5000億個位數之中，從0到9各個數字出現的次數。每個數字都出現了位數的10分之1次，也就是2500億次左右。由此可見，各個數字的出現並沒有規則可循，而是隨機出現。

假設把計算結果列印出來，堆疊起來的紙張高度為富士山的14倍左右

①π的小數點以下2兆5000億個位之中，各個數字出現的次數。

0	2499億9919萬2826次
1	2499億9995萬9334次
2	2500億0075萬1269次
3	2499億9990萬4969次
4	2500億0045萬5856次
5	2499億9972萬1513次
6	2499億9956萬4178次
7	2499億9966萬0121次
8	2500億0104萬0584次
9	2499億9974萬9350次

每個數字都出現了2500億次左右，也就是位數的10分之1次。差距最大的數字是「8」，多出大約104萬次。即便如此，比起2500億次仍然算是極其微小的比例。

③如果把超過2兆個位數的計算結果列印出來會怎麼樣呢？（左圖）

2兆5769億8037萬個位數的計算結果將無法印出。假設每張A4用紙（厚度0.1毫米）印5000個位，然後把紙張堆疊起來，它的厚度竟然高達52公里左右，大約是富士山（高度3776公尺）的14倍。

在π值的計算結果中，也發現了許多個「000000000000」和「012345678901」等不可思議的數列（②）。在π無限延續的數值之中，可能也會有你的電話號碼數字！

圓周率的小數點以下會不循環地無限延續下去，所以理論上圓周率可能含有任何的數列。但是，π的亂數性在數學上尚未得到證明。

②在π的數值之中實際發現不可思議的數列

012345678901	自小數點以下第1兆7815億1406萬7534個位起的12個位等
8888888888888	自小數點以下第2兆1641億6466萬9332個位起的13個位
000000000000	自小數點以下第1兆7555億2412萬9973個位起的12個位
111111111111	自小數點以下第1兆410億3260萬9981個位起的12個位
777777777777	自小數點以下第3682億9989萬8266個位起的12個位
14142135623	自小數點以下第4566億6102萬5038個位起的11個位等 ※這個數列和$\sqrt{2}$的開頭11個位相同。
314159265358	自小數點以下第1兆1429億531萬8634個位起的12個位 ※這個數列和圓周率π的開頭12個位相同。

無限延續的圓周率π

把圓切割後做成的面積

把圓無限切割後，可做成圓的面積

在計算圓的面積時，無限的概念也可以派上用場。現在就利用無限的概念，推導出眾所周知的圓面積公式πr^2（r為圓的半徑）吧！

如右圖所示，切割一個圓形蛋糕時，把圓分成許多個扇形，再把它們交錯上下顛倒依序排列，成為一個類似平行四邊形的形狀。

把切割而成的扇形無限地切割下去，這個類似平行四邊形的形狀會越來越像長方形。這個長方形的長就是「原來圓的半徑（r）」，寬則是「原來圓的一半周長（$2\pi r \div 2$）。長方形的面積為「長（r）×寬（πr）」，等於πr^2，也就是原來的圓面積。

有趣的是，在圓面積公式中π再度出現了。雖然π被稱為圓周率，但是它不只出現在圓周，也會在圓以及球等各種性質中出現，是一個非常重要的數。

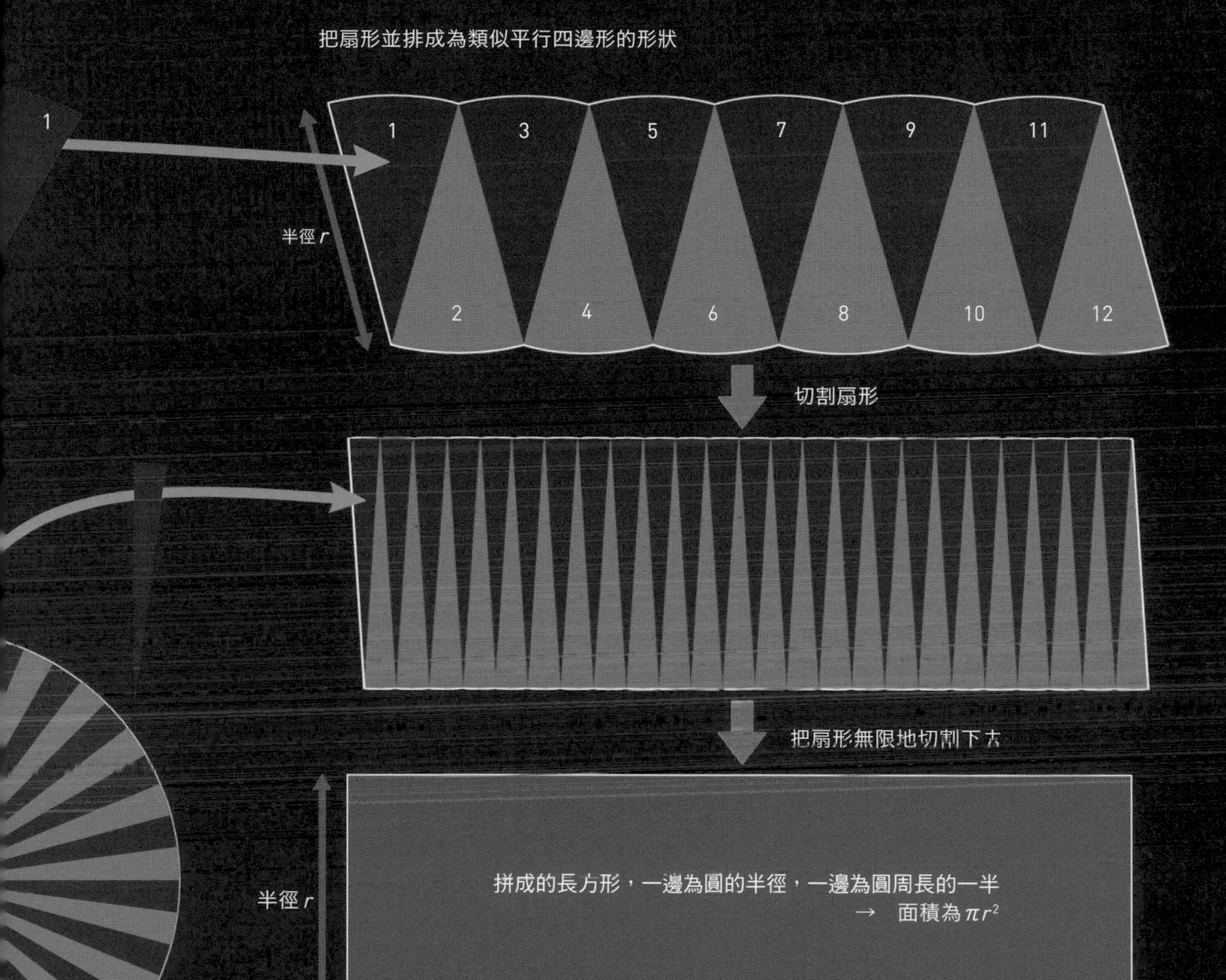
把扇形並排成為類似平行四邊形的形狀
1
1
3
5
7
9
11
2
4
6
8
10
12
半徑 r
切割扇形
把扇形無限地切割下去
半徑 r
拼成的長方形，一邊為圓的半徑，一邊為圓周長的一半
→　面積為 πr^2

「∞×0」的答案是多少呢？

右邊的數列①發散至無限大，數列②收斂於0。把數列①和數列②相乘所得到的數列會收斂於1。這個事實可以用數式④的「∞×0=1」表示。

數列③收斂於0。把數列①和數列③相乘所得到的數列會收斂於0。這個事實可以用數式⑤的「∞×0=0」表示。

接著，把發散至無限大的數列，和收斂於0的數列相乘所得到的數列，有些會發散至無限大，有些會發散至負的無限大。

也就是說，「∞×0」的結果有些是收斂於某個數，有些則會發散至無限大或負的無限大。另外，「∞×0=1」和「∞×0=0」的數式表示方式都是錯誤的。為什麼呢？因為「∞×0=1」和「∞×0=0」並非一直都是正確的。

數列①是發散至無限大的數列。數列②和數列③是收斂於0的數列。把①和②的各項相乘會得到「1，1，1，……」這個收斂於1的數列，這個事實可以用數式④來表示。另一方面，把①和③的各項相乘，會得到收斂於0的數列，這個事實可以用數式⑤來表示。由於④和⑤並不是任何時候都正確，所以都是錯誤的數式。

$$1, 2, 3, \cdots, n, \cdots \quad ①$$

$$1, \frac{1}{2}, \frac{1}{3}, \cdots, \frac{1}{n}, \cdots \quad ②$$

$$1, \frac{1}{4}, \frac{1}{9}, \cdots, \frac{1}{n^2}, \cdots \quad ③$$

$$\infty \times 0 = 1 \quad ④$$

$$\infty \times 0 = 0 \quad ⑤$$

無限小的威力

克卜勒把無限小運用在天文學

發現關於行星公轉的定律

從這裡開始探討無限小和「微積分」吧！

被曲線圍住的部分面積要用什麼方法計算呢？探討這個問題的先驅者是阿基米德。阿基米德在研究被圓及拋物線圍住的部分面積時，發現只要把它們切割成無限小的三角形，再把這些三角形的面積全部加起來就行了。

把阿基米德的發想運用在天文學的人，是德國天文學家克卜勒（Johannes Kepler，1571～1630）。克卜勒想要了解行星環繞太陽公轉的軌道，於是採用與阿基米德相同的方法，在火星公轉所描繪出的圖形中，假想了無限小的三角形，再接著計算它們的面積。根據這樣的計算方法，推導出關於行星公轉的定律，也就是流傳至今的「克卜勒第二定律」。

把扇形的弧不斷縮小之後，可視為三角形

無限小的概念催生了「克卜勒第二定律」

克卜勒自行訂定火星在某段時間內行進的距離（相當於A三角形、B三角形的底邊），和火星到太陽的距離（相當於A三角形、B三角形的高）永遠成反比。若假設底邊和高成反比，則底邊×高的數值永遠保持固定，三角形的面積也就跟著保持固定。因此誕生了「行星和太陽的連線在一定時間內掃過的扇形面積都相等」的定律，也就是克卜勒第二定律。

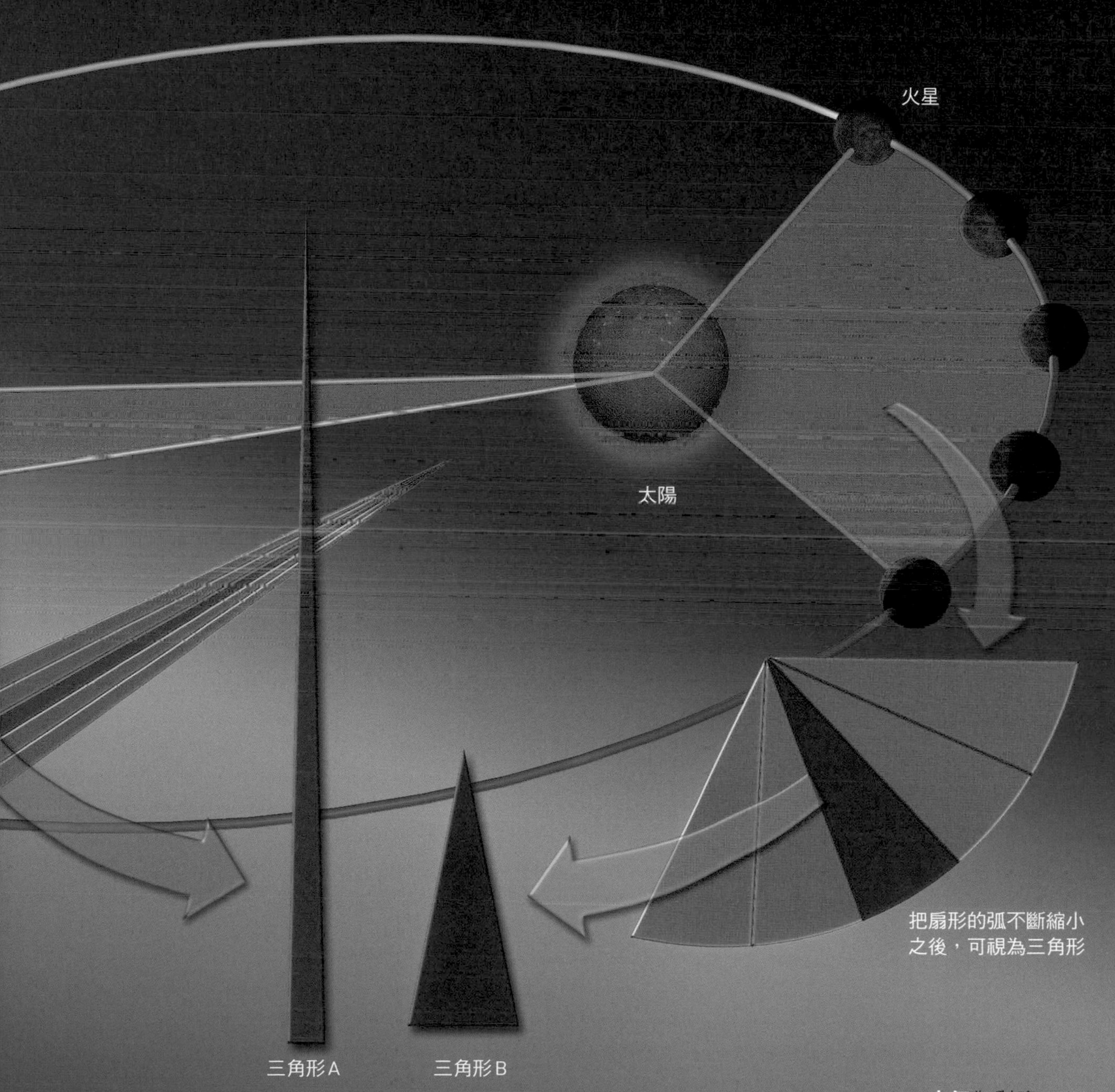

無限小的威力

如何正確測量櫛瓜的體積？

無限切割後再加總起來

要如何計算相片中櫛瓜的體積呢？

櫛瓜的形狀細長如同一個圓柱，但是每個部分的粗細卻又不一樣，所以不能視為單純的圓柱。

因此，我們把櫛瓜環切成10小段，測量各小段的截面（圓）半徑。將這

切割得越小就越接近滑順的形狀

本圖所示為把中間部分縮小的細長形立體圖形，當作多個圓柱組合而計算體積的方法。10、20、50個……，當圓柱的個數越多，越接近滑順的形狀。

櫛瓜

些小段視為10個圓柱，再把所有小段的體積加總起來，就能求出整條櫛瓜的體積。但是這樣的做法和實際櫛瓜滑順的形狀有所出入。因此，如果縮小段（圓柱）的長度，把櫛瓜環切成20個小段、50個小段等，就能逐漸縮小和實際櫛瓜之間的誤差吧！接著，把小段的長度無限地縮短，將櫛瓜環切成無限個小段，就能大致正確計算滑順形狀的體積。這個「無限地細切後再加總起來」的計算方法就是「積分」。

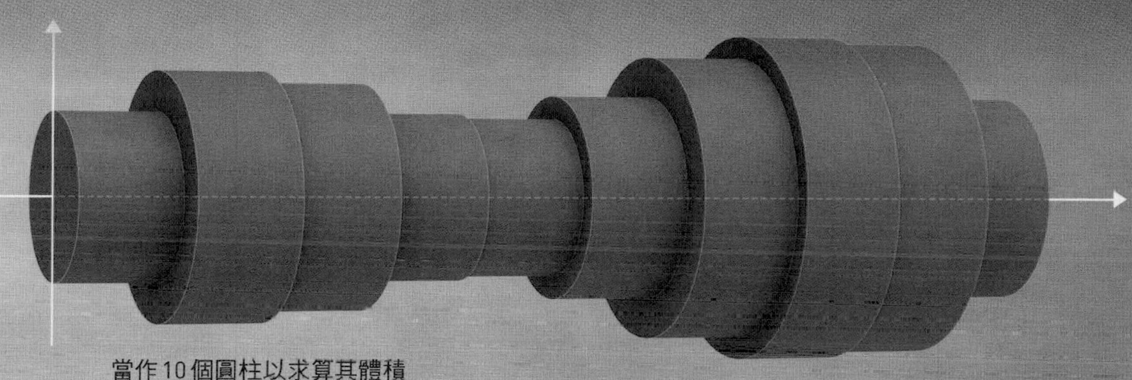

當作10個圓柱以求算其體積

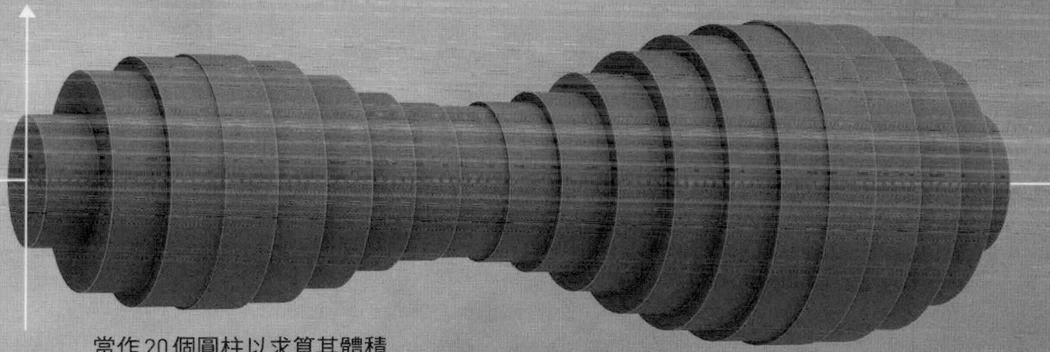

當作20個圓柱以求算其體積

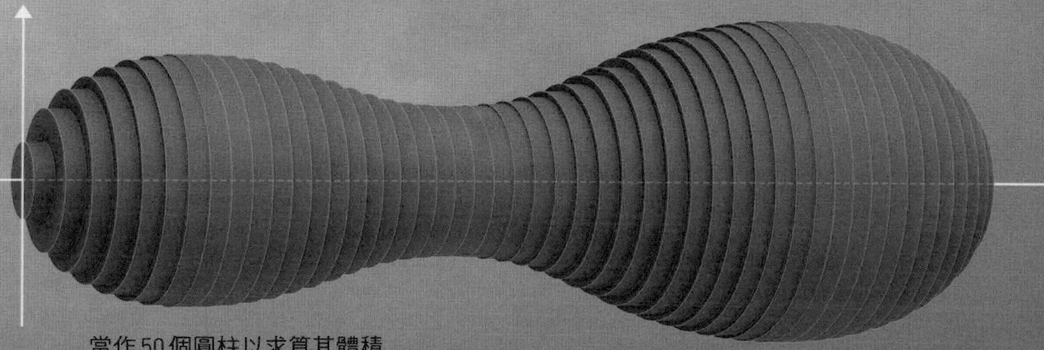

當作50個圓柱以求算其體積

無限小的威力

牛頓從無限小發現「微分」

利用微分了解砲彈和行星的運動

英國天才科學家牛頓（Isaac Newton，1642～1727）運用無限小的概念，建立了物體運動「瞬間速度」的計算方法。

例如，平常說的時速50公里，其實是指「這 1 小時的平均速度」。如果想知道現在這個瞬間的速度，依據與「更接近現在這個瞬間的位置」的差異來思考，會更接近適當的值。也就是說，與現在這個瞬間的差異越小，越能接近正確的速度。想要知道某個瞬間的速度，必須有「把時間切割成無限小的間隔，並比較其間的差異」的想法，此概念就是「微分」。

牛頓利用此方法計算運動的速度及加速度，發現了支配天體及地面物體運動的定律，也就是「牛頓力學」和「萬有引力定律」。如果說近代科學是從無限的概念誕生，也不為過。

隱藏於拋物線運動的萬有引力

把砲彈的拋物線運動分割成極短的間隔，則各個間隔可以視為直線運動。砲彈越往前飛進，直線的方向越朝下。這是因為依循慣性運動直進的砲彈，同時也在進行落體運動，這個力稱為萬有引力（gravitational attraction）。

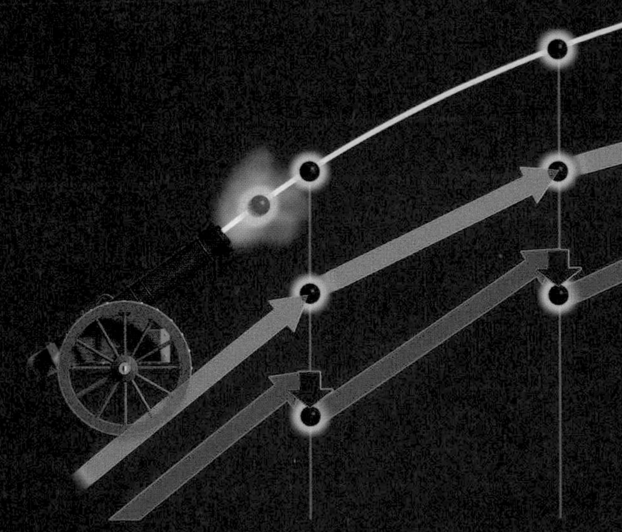

隱藏於行星圓周運動的萬有引力

牛頓把行星的圓周運動，比照砲彈的拋物線運動分割成極短的間隔。行星在圓周軌道的各個點上都受到朝向太陽的萬有引力作用。

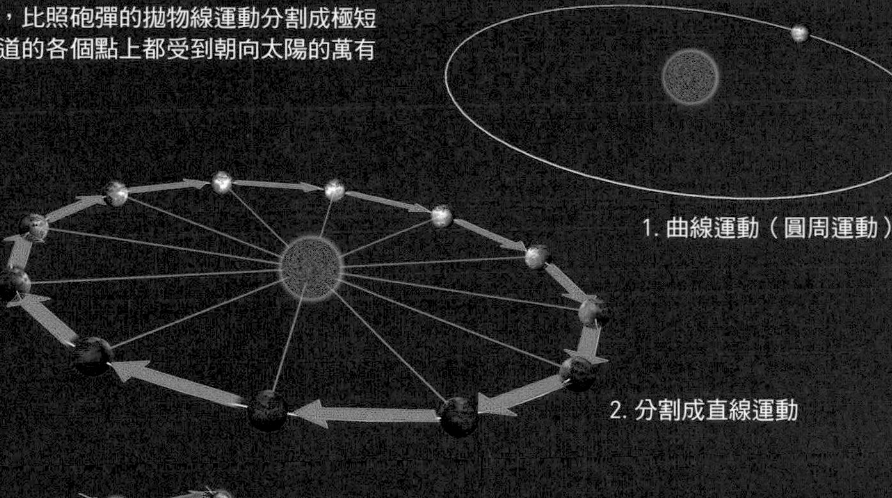

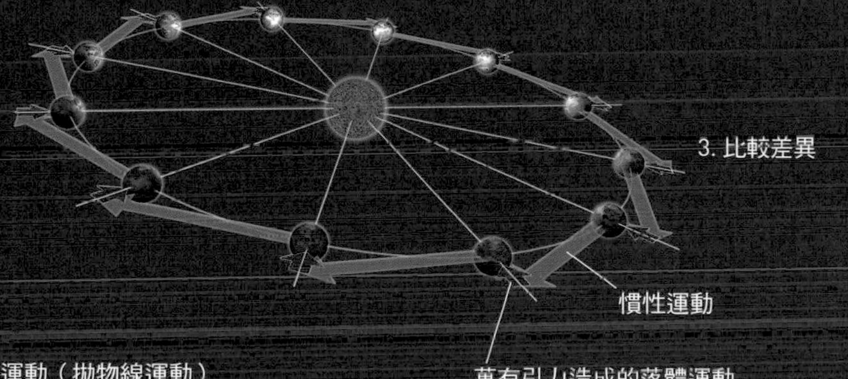

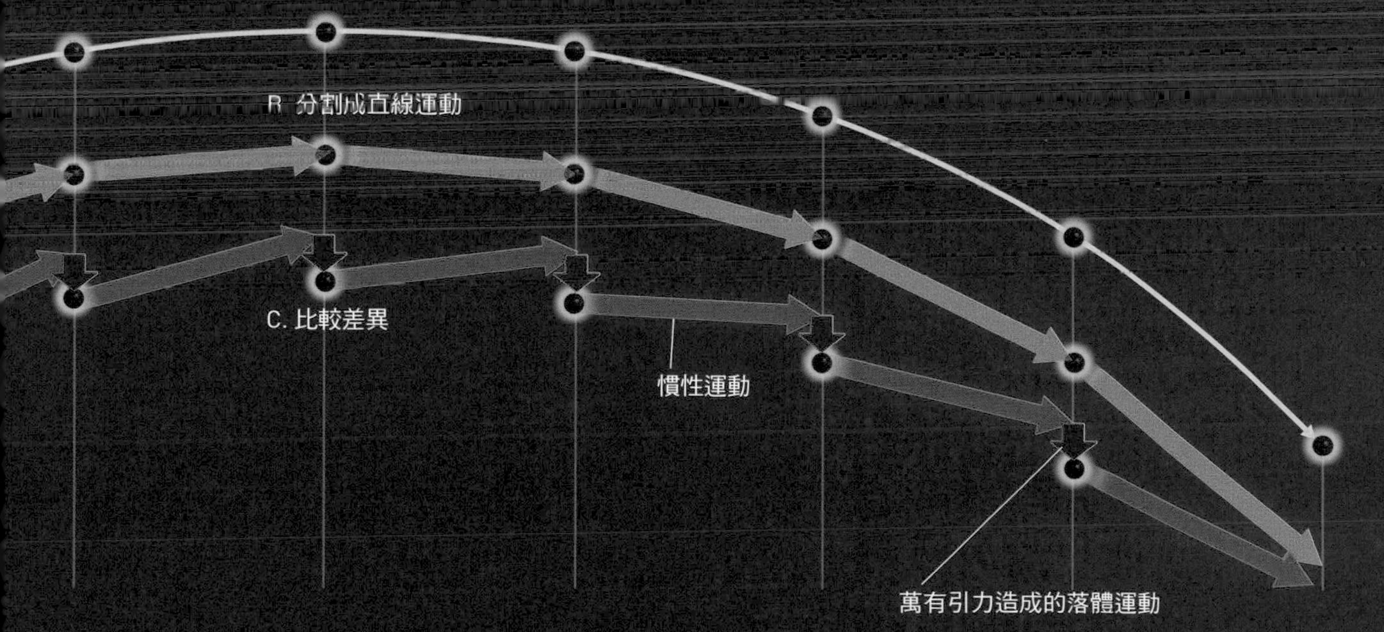

無限小的威力

利用微分了解速度和加速度

把位置的圖形微分看看吧！

讓我們透過微分思考關於速度和加速度的問題吧！

假設有一架火箭在無重力空間進行等加速度直線運動。若以經過的時間為橫軸，火箭的位置為縱軸，則會呈現一條拋物線（A）。

把這個圖形依時間做切割，再取各個區間的差，將會成為以固定的高度差逐漸增高的階梯狀圖形，即表示速度的變化（B）。接著，取這個階梯狀圖形中各個區間的差，將會成為沒有高度差的圖形，即表示加速度的變化（C）。

從圖形可以得知，火箭始終以固定的加速度飛行。換句話說，火箭在固定的時間內消耗固定分量的燃料飛行。上述取各個細分區間之間的差稱為「微分」。

火箭的位置和速度、加速度之間的關係

可以用二次方程式來表示進行等加速度直線運動的物體運動狀態。假設計算火箭位置的式子為$y=x^2$（A圖形），則速度依火箭位置在某固定時間內的變化而定。若把時間的區間無限地切割到趨近於0，以此位置做微分，便能計算出某個時刻的瞬間速度。在這個狀況下，可以利用$v=2x$來求算火箭的速度。再者，加速度是速度的微分，所以$a=2$。

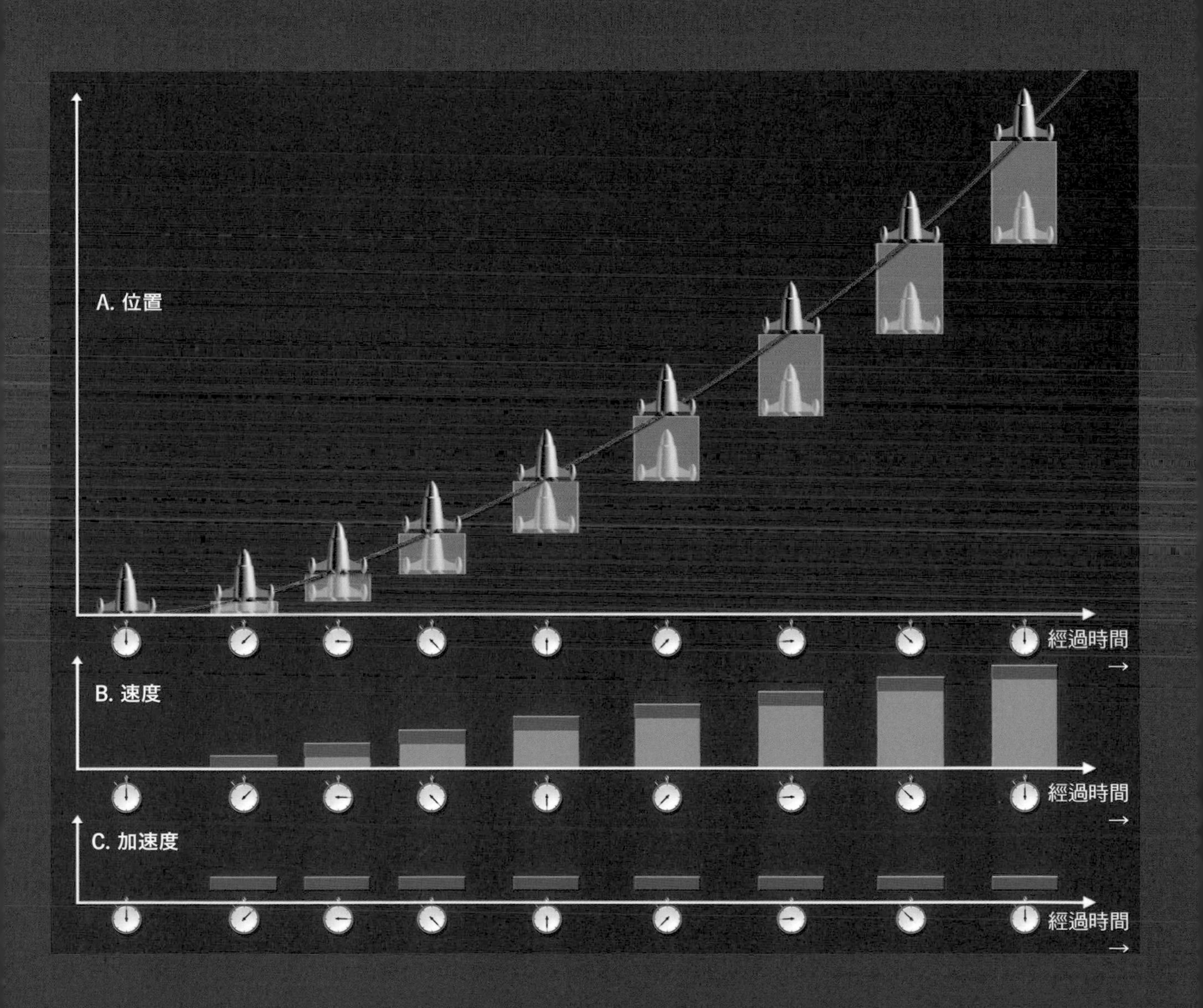

無限減無限的答案是多少？

無限減無限（∞－∞）會得到什麼答案呢？

右邊所示的數列①和數列②都是發散至無限大。如果把數列①減數列②會得到數列③。這個數列③也會發散至無限大。相反地，如果把數列②減數列①，則會發散至負的無限大。

數列④也是發散至無限大。如果把數列④減數列①會得到數列⑤。數列⑤會收斂於0。

像這樣把發散至無限大的數列減去發散至無限大的數列，所得到的數列有些是發散至無限大，有些是發散至負的無限大，有些則是收斂於0。

也就是說，「∞－∞」的結果有可能收斂於某個數，也有可能發散至無限大，或發散至負的無限大。

①和②都是發散至無限大的數列。把①的各項減去②的各項會得到數列③，③是發散至無限大的數列；④是發散至無限大的數列。把④的各項減去①的各項會得到數列⑤，⑤是收斂於 0 的數列。

$$2,4,6,\cdots,2n,\cdots \quad ①$$

$$2,3,4,\cdots,n+1,\cdots \quad ②$$

$$0,1,2,\cdots,n-1,\cdots \quad ③$$

$$2+1,4+\frac{1}{2},6+\frac{1}{3},\cdots,2n+\frac{1}{n},\cdots \quad ④$$

$$1,\frac{1}{2},\frac{1}{3},\cdots,\frac{1}{n},\cdots \quad ⑤$$

極限的用處

相片的解析度不能無限提高

會隨著放大而出現鋸齒形狀

從這裡開始來探討「極限」吧！

數位相機拍攝相片的細緻程度以「解析度」表示。解析度是指拍攝的圖像要分割到多細微的程度，將此設定記錄下來的值。

假設拍攝一張盡可能忠實記錄眼前風景的數位相片，解析度當然越高越好。但是能夠記錄的資料量有限，所以解析度同樣也有限。無論解析度多高的相片，只要放大到一定程度就會出現鋸齒形狀。若要忠實記錄風景，就必須讓記錄的資料量無限大，才能使鋸齒形狀無限小。但實際上無法做到。在這個狀況下有兩個選項，一個是「近似」，另一個是「極限」。近似雖然也有其極限，但足以使鋸齒形狀小到讓人滿意的程度。

相同影像也會依解析度不同而有所差異

假設使用數位相機拍攝瓢蟲。A相片由於解析度太低，根本看不出拍了什麼東西；B相片雖然粗糙，但仍可看得出是瓢蟲；C相片的解析度很高，看起來非常接近原來的瓢蟲。

A
B
C

極限的用處

「極限」是為了更接近真實而採取的方法

探求會逼近什麼樣的答案

除了近似之外，還有另一個逼近真實的方法，就是牛頓發明的「極限」。

所謂的極限是指「探求當趨於無限時所逼近的答案，進而將其當成答案」的方法。雖然在邏輯上已經證明，越追究下去就會越接近答案，但實際上即使沒有探求到無限，也可以把這個極限當成「真實的答案」。

這個極限的手法正是牛頓在數學上留下的最大貢獻。

求算被曲線圍住的部分面積或體積時，可以將其切割成某種固定的區間，計算出該區間的平均值，再把它們總合起來，這個方法和數位相片的解析度十分類似。把區間切割到無限細小時所逼近的值就是極限，再把各處的極限加總起來，即可求得逼近原來面積或體積的值。

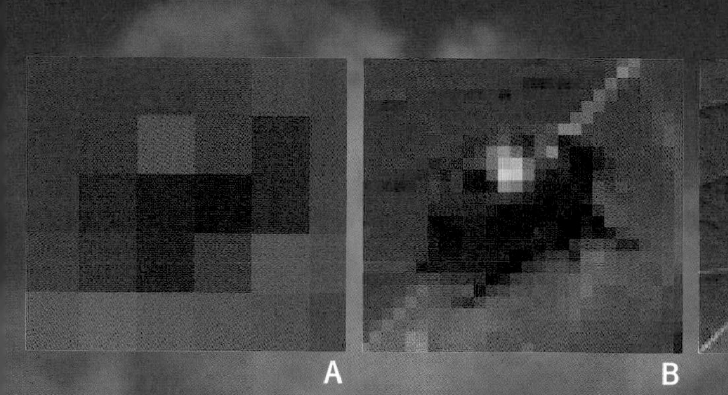

計算面積和體積也和數位相機相同

由A、B、C可知，切割得越細小，進行計算的結果會越逼近沒有鋸齒形狀的「實際值」。

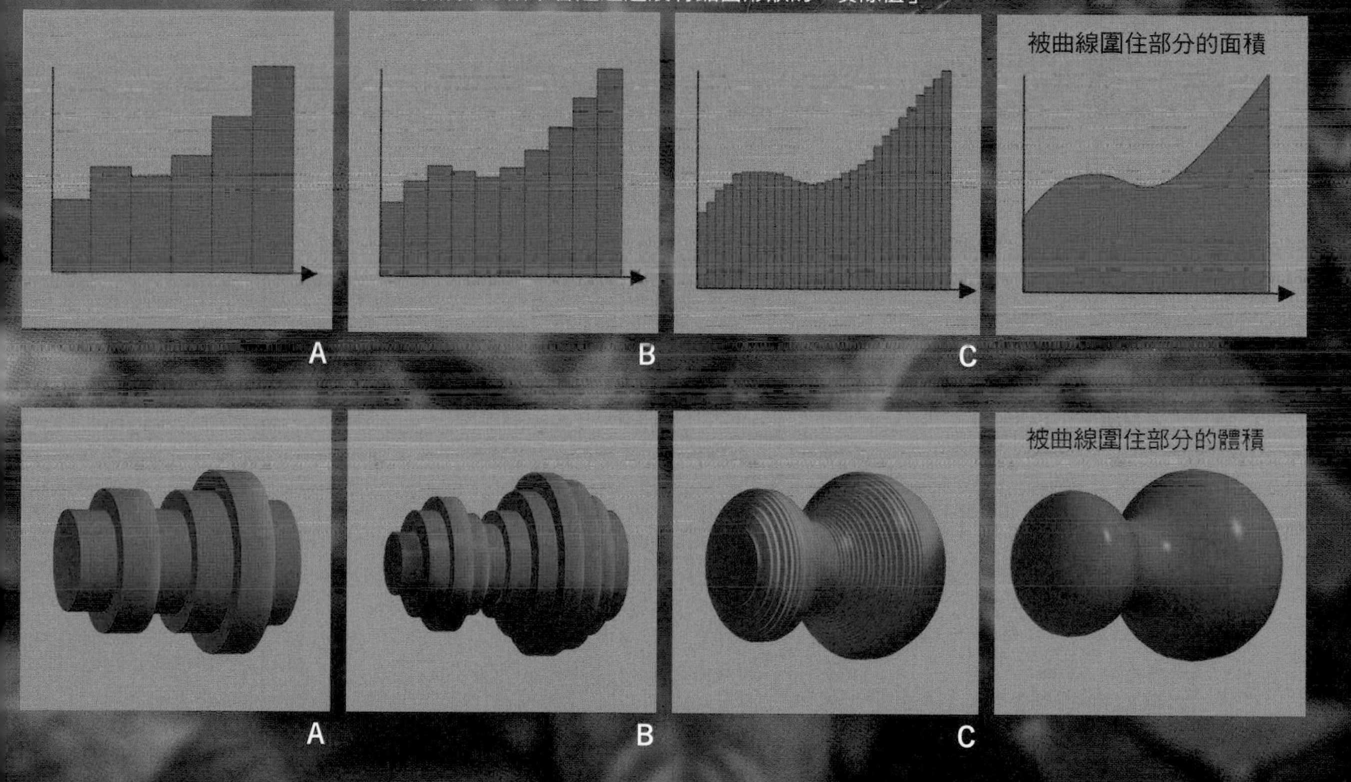

極限的用處

測定化石年代也會用到微積分

反推元素開始變化之前所花的時間

牛頓建立了極限的概念之後，把以往利用無限小的數學彙整成一體，稱為「微積分」（infinitesimal calculus）。

已知微積分能夠探知事物的「變化率」，現代已成為科學及社會不可或缺的存在。

例如，推定恐龍等古生物的化石年代時，微積分便可以派上用場。某些「放射性元素」隨著時間經過，原子核發生衰變，放出粒子等物而變化成為另一種元素，這種現象稱為「從母元素衰變成子元素」。把母元素減少及子元素增加的情況換算成時間，便可據此推定挖掘出土的恐龍化石年分，也就是恐龍的生存年代。利用微積分，能夠依據放射性元素每單位時間的減少率，從測定的母元素和子元素的數量，反推衰變所花的時間。

恐龍化石的年代測定

恐龍化石的年代是藉由化石埋藏的地層年代而定。岩漿中所含的放射性元素「鉀40」在經過一段時間後，會轉變成「鈣40」和「氬40」等其他元素。只要調查和化石處於同一地層中的結晶化岩漿，便可以從鉀40及氬40的量推定化石的年代。

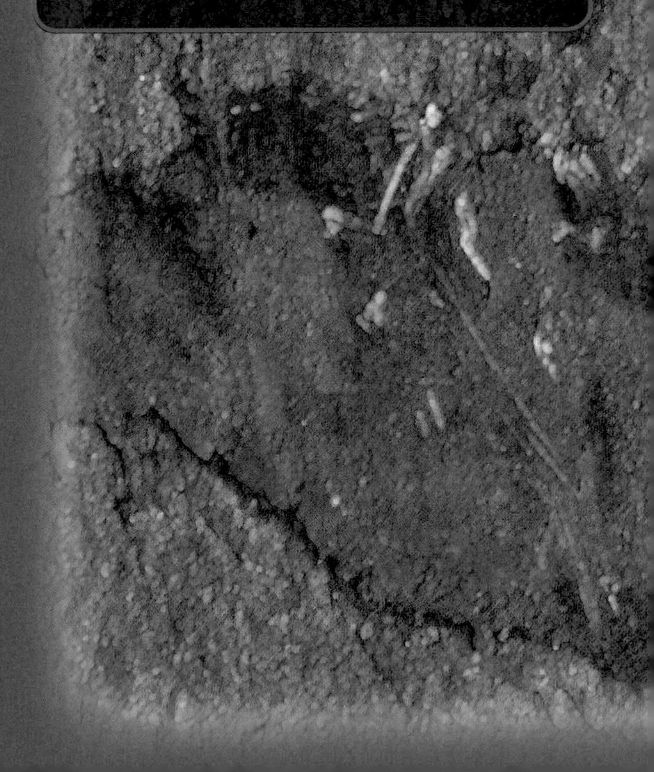

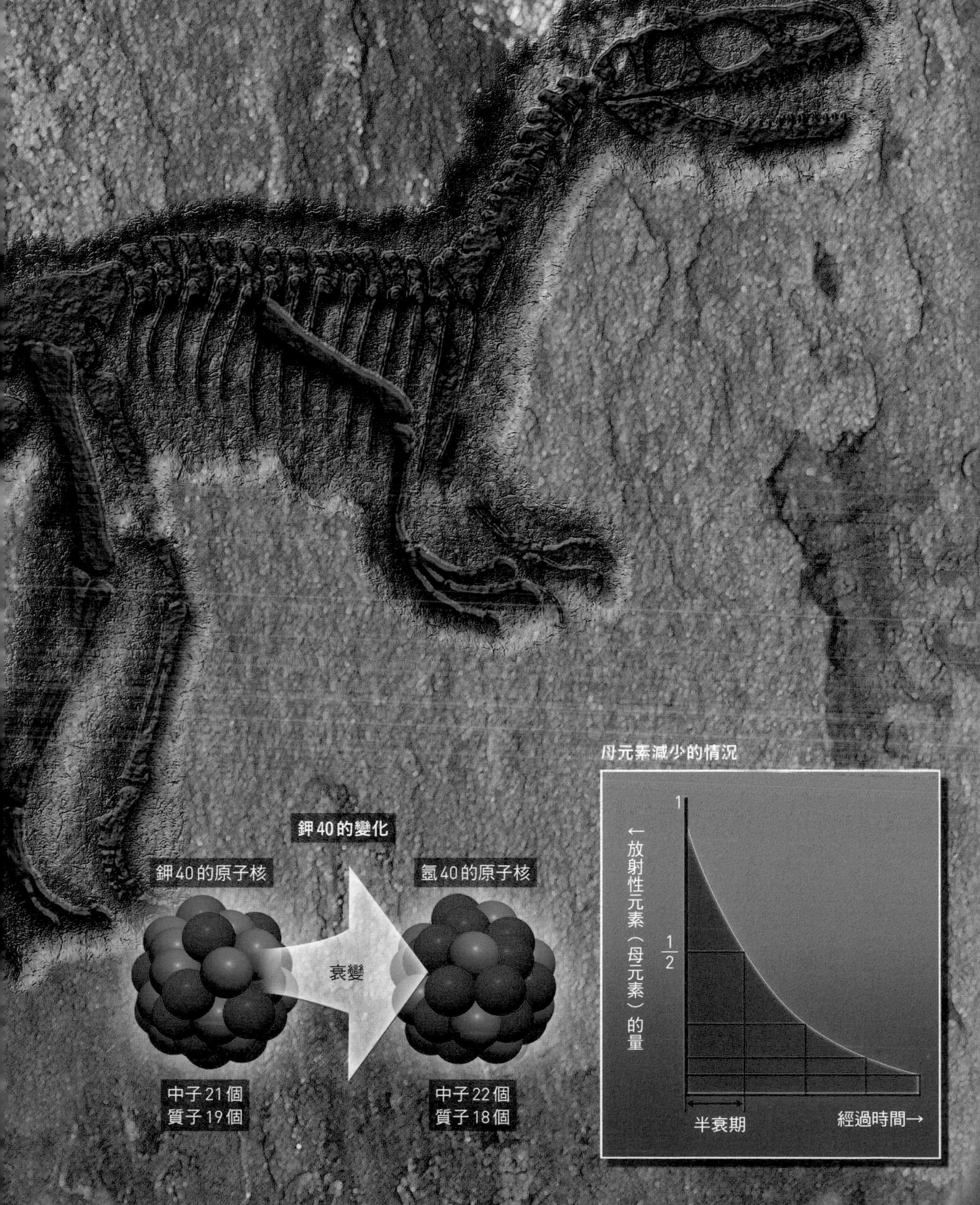
鉀40的變化
鉀40的原子核
衰變
氬40的原子核
中子21個
質子19個
中子22個
質子18個
母元素減少的情況
1
1/2
←放射性元素（母元素）的量
半衰期
經過時間→

極限的用處

設計高速公路的彎道也會用到微積分

乍看是急轉彎，實際卻容易駕駛的「克羅梭曲線」

我們的周遭也不乏運用微積分的例子，接下來以設計建造高速公路為例。

汽車的方向盤如果急速轉動，汽車的行駛路線便會急速變化。當方向盤緩慢轉動，則汽車行駛路線的變化也會比較緩和。行駛路線的變化越緩和，駕駛當然就越輕鬆愉快。

運用微積分，能夠反過來算出讓駕駛人可以緩慢轉動方向盤的彎道形狀。依據這種方式設計的彎道，不必急速操作方向盤也能順暢轉彎，讓任何人都能輕鬆地駕駛。

這種利用微積分設計的曲線稱為「克羅梭曲線」（clothoid curve），也稱為「安全曲線」、「緩和曲線」或「羊角螺線」等。

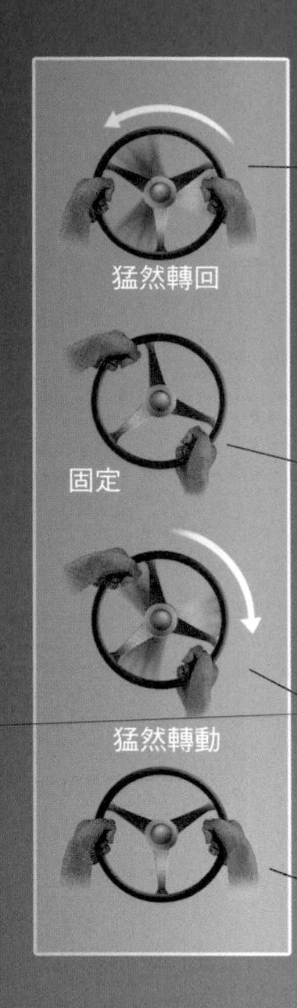

A：若是以固定速度通過這個彎道，則駕駛在抵達進入彎道的位置時，必須把方向盤一下子轉到某個角度；在彎道之中，必須固定方向盤的位置不動；通過彎道後，則須把方向盤一下子轉回來。由於方向盤的操作集中在彎道的起點和終點，方向盤的操作變得相當急促。

B：若是以固定速度通過這個彎道，則駕駛從進入彎道的位置開始，緩緩地轉動方向盤；從彎道中央開始，再把方向盤緩緩地轉回來。由於方向盤的操作非常平穩，所以駕駛起來十分輕鬆愉快。

緩緩地轉回
緩緩地轉動
A. 圓弧
彎道看起來緩和，
但方向盤的操作
很匆忙
B. 克羅梭曲線
彎道看起來急促，
但方向盤的操作
很平穩

探討「0的除法」的「答案」

想要探討「0的除法」的答案，可以運用「極限」的概念。這是在理解微積分時的重要概念。

現在就利用極限的概念思考「1÷0」的問題吧！由於數學上禁止0的除法，所以使用逼近0的小數進行除法，把除數逐漸變小，使其越來越逼近於0。「1÷1＝1」，「1÷0.1＝10」，「1÷0.01＝100」，「1÷0.001＝1000」，依此類推可知答案會逐漸趨近至無限大。

接下來，我們把除數改從－1開始，看看會發生什麼情況吧！「1÷（－1）＝－1」，「1÷（－0.1）＝－10」，「1÷（－0.01）＝－100」，「1÷（－0.001）＝－1000」，依此類推可知答案會逐漸趨近至負的無限大，亦即絕對值無限大的負數。

由上可知，相當於「1÷0」的極限值會依除數是從正或負的某一方逼近於0，而得到不同的答案。

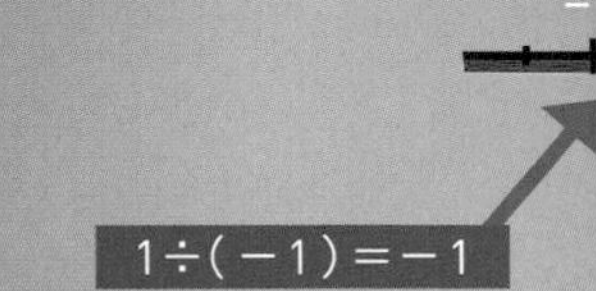

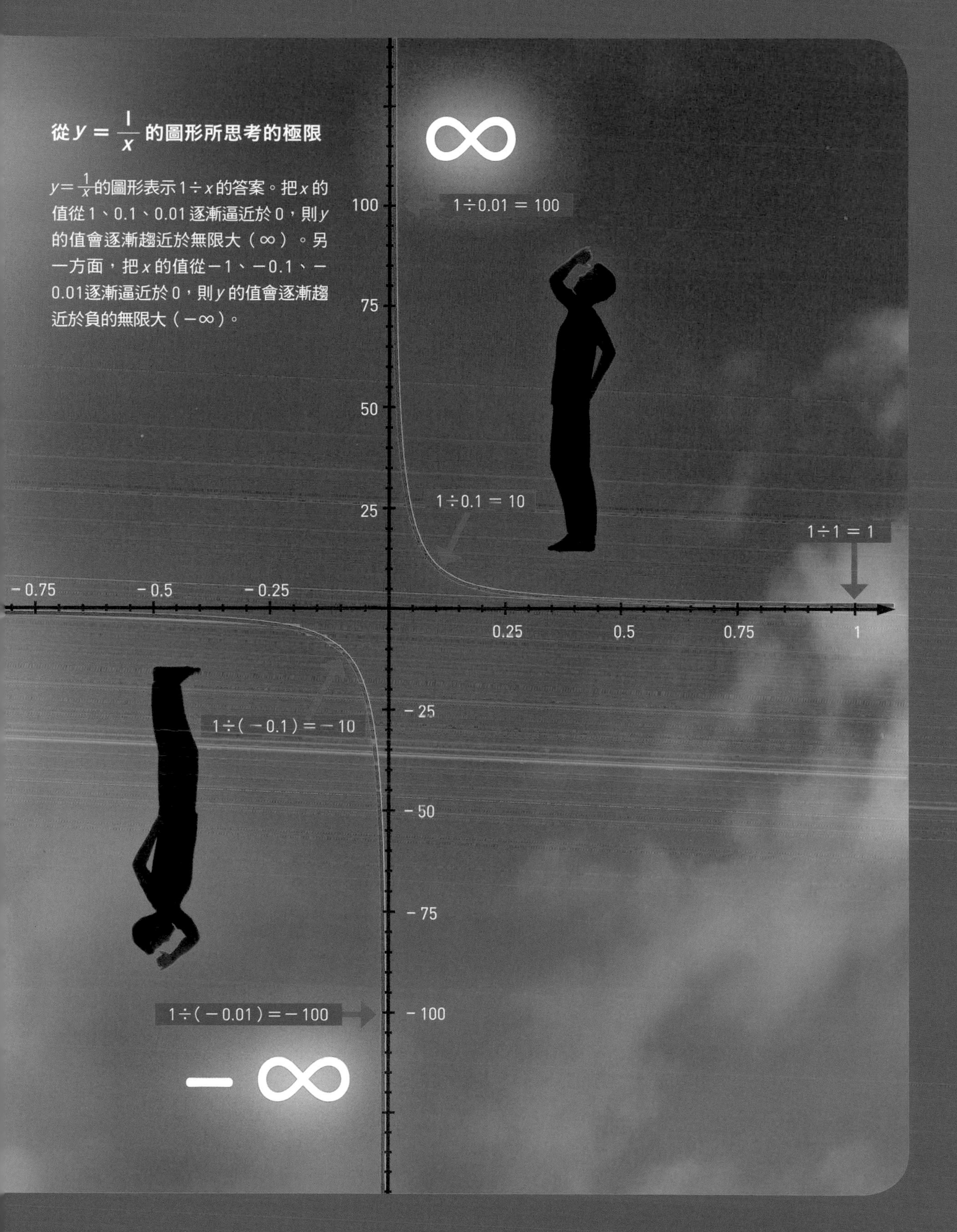
從 $y = \frac{1}{x}$ 的圖形所思考的極限
$y=\frac{1}{x}$的圖形表示 1÷x 的答案。把 x 的值從 1、0.1、0.01 逐漸逼近於 0，則 y 的值會逐漸趨近於無限大（∞）。另一方面，把 x 的值從 −1、−0.1、−0.01逐漸逼近於 0，則 y 的值會逐漸趨近於負的無限大（−∞）。
∞
1÷0.01 ＝ 100
100
75
50
25
1÷0.1 ＝ 10
1÷1 ＝ 1
− 0.75
− 0.5
− 0.25
0.25
0.5
0.75
1
− 25
1÷（ − 0.1 ）＝ − 10
− 50
− 75
1÷（ − 0.01 ）＝ − 100
− 100
− ∞

無限或是有限

光速是無限或是有限？

沒有測量光速的方法

從這裡開始探討無限和有限吧！

我們知道光的速率大約是秒速30萬公里。但因為光的行進速率實在太快了，因此前人認為它的速率是無限大。就連法國科學家兼哲學家笛卡兒（René Descartes，1596～1650）也認為光速是無限。

但有一個人懷疑這個概念，他就是義大利科學家伽利略（Galileo Galilei，1564～1642）。伽利略為了確認光速是有限的，他要求兩名助手拿著提燈分別站在兩座相距數公里的山頂上，一人先發出光訊號，當另一人看到對方的光訊號後也立即發出光訊號，然後測量光訊號往返所花的時間。但是利用如此原始的方法，根本無法測量每1秒鐘行進大約30萬公里的光速，所以這項實驗宣告失敗。

進行光訊號往返數公里距離的實驗。

持提燈的助手

無限或是有限

後來如何得知光速是有限的？

利用木星衛星傳來的光

伽利略未能證實光速是有限的，但是他發現的木衛一（木星的其中一個衛星）卻替他驗證了這件事。1676年，丹麥天文學家羅默（Ole Rømer，1644～1710）確認了木星與地球的距離會隨著在軌道上的位置不同而變化，導致在地球上觀測到木衛一的食（躲入木星的影子的現象）時刻會跟著變動，羅默依據這個時間差，計算出光的速率為秒速約21萬公里。雖然這個值並不正確，但卻顯示出一直被認為是無限的光速，正如伽利略的推測是有限的。

光的速率為有限，對天文學來說具有非常重大的意義。天體發出的光，必定經過一段時間才能抵達地球。也就是說，宇宙的觀測其實是在觀看宇宙過去的面貌。我們每天看到的太陽

羅默進行人類首次光速測量

木衛一以大約42.5小時的週期隱入木星的影子內（食）。但因光的速率為有限，所以當地球與木星接近時，會比較早觀測到這個現象；而地球遠離木星時，則會比較晚觀測到這個現象。羅默注意到這件事並調查這個時間差後，計算出光的速率。

離木星比較遠的地球
（較晚觀測到食）
太陽
利用時間差
測量光的速率
離木星比較近的地球
（較早觀測到食）
木星
木衛一的食

無限或是有限

宇宙會無限擴展嗎？

遺憾的是，現在的科學尚未能說明這件事

「現在」的宇宙想像圖

我們無法實際觀測到「現在」的宇宙。在橫跨兩頁的插圖中，把宇宙的每個角落都當作「現在」而描繪的廣大宇宙。宇宙的分布可能超出能觀測到的範圍。

由於光速不是無限而是有限，所以我們能夠觀測到的宇宙範圍也有限。宇宙的年齡是138億歲，藉由光在這段期間行進的距離（138億光年）為半徑，以地球為圓心畫出一個球，這個球的內側就是我們能夠觀測到的宇宙範圍。

但是，宇宙也有可能擴展到這個球的外側。如果真是如此，那麼宇宙的範圍就是無限囉？宇宙是無限還是有限呢？對於人類來說永遠是個謎。但在理論上，整個宇宙非常大，能夠觀測到的範圍只是滄海一粟而已。

直到中世紀之前，人們沒來由地認為宇宙是有限的。而對此提出「無限宇宙」這個在當時被視為破天荒宇宙觀的人，是義大利哲學家布魯諾（Giordano Bruno，1548～1600）。他被當時的教會判定為異端而處以火刑。宇宙究竟是有限或無限呢？現在的科學尚且無法說明這個謎題。

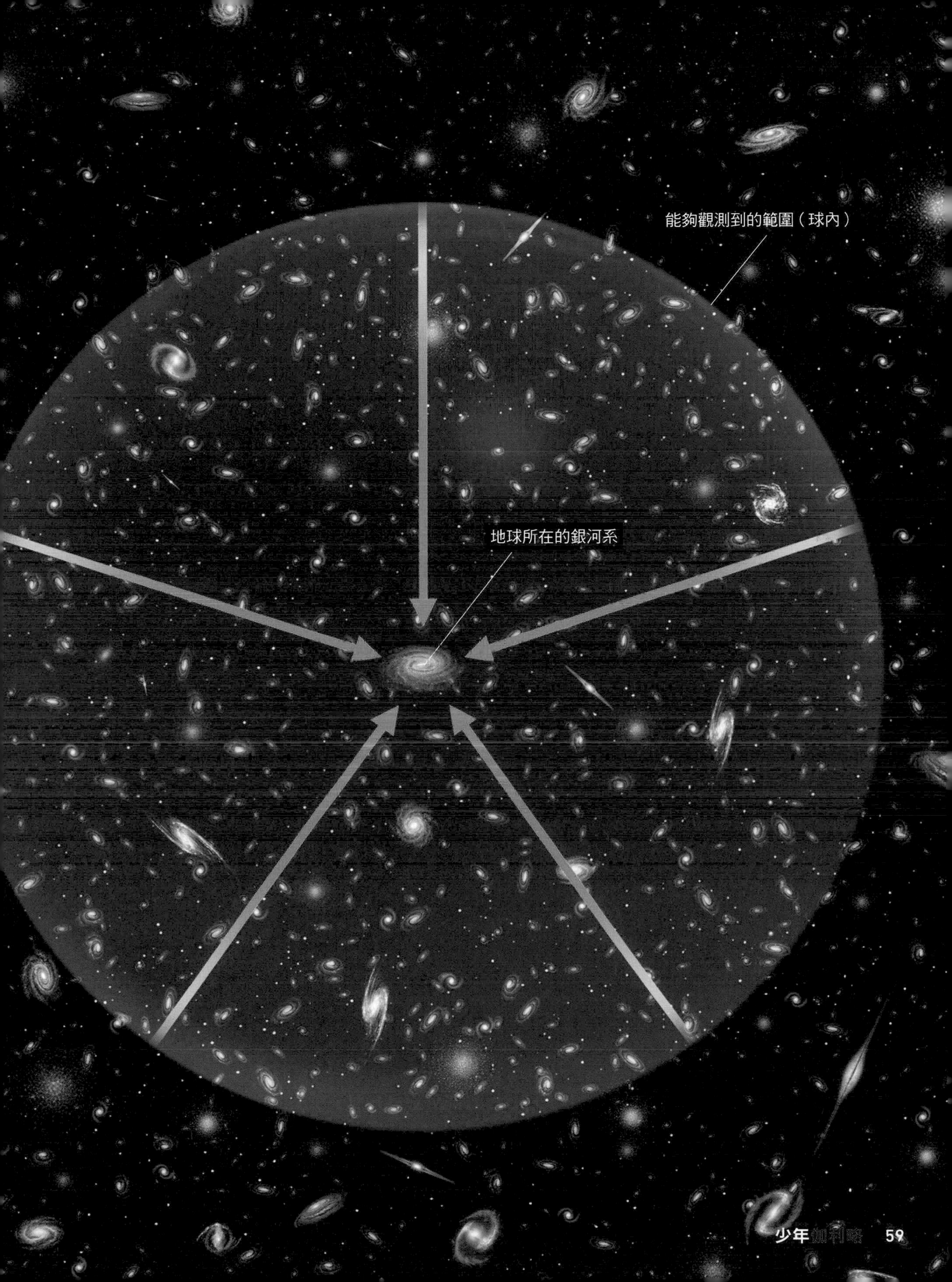
能夠觀測到的範圍（球內）
地球所在的銀河系

無限或是有限

宇宙有限
但沒有盡頭？

宇宙或許是類似球體表面的東西

1. 這張插圖中，宇宙只是球體的表面，球體的內部不是宇宙。

宇宙空間是否有盡頭呢？

雖然不是十分明確，但一般的看法是：宇宙的大小有限，但沒有盡頭（邊界）。例如地球的表面積並非無限，而是有限。但是在地球的表面上並沒有盡頭（邊界）。

同樣的道理或許也適用於宇宙。地球的表面為2維（長、寬），宇宙為3維（長、寬、高），雖然兩者有所差別，但實際的宇宙或許也和地球表面一樣，是有限而沒有盡頭的構造（**1**、**2**）。

如果宇宙真是如此，則極有可能發生以下情況：從出發地飛出的太空船，即使沒有改變行進方向也會繞行宇宙一圈，最後回到出發地。

宇宙或許是類似球體的東西？

本圖所示為把3維的宇宙比擬為2維的面，再把這樣的宇宙貼在球體表面的狀態（**1**）。這樣的宇宙大小有限但沒有盡頭（邊界）（**2**）。

環繞地球一圈會回到原來的出發地。同樣地，在這樣的宇宙中，如果在宇宙空間中朝同一個方向不停地筆直前進，也有可能環繞宇宙一圈而回到原來的出發地（**3**）。

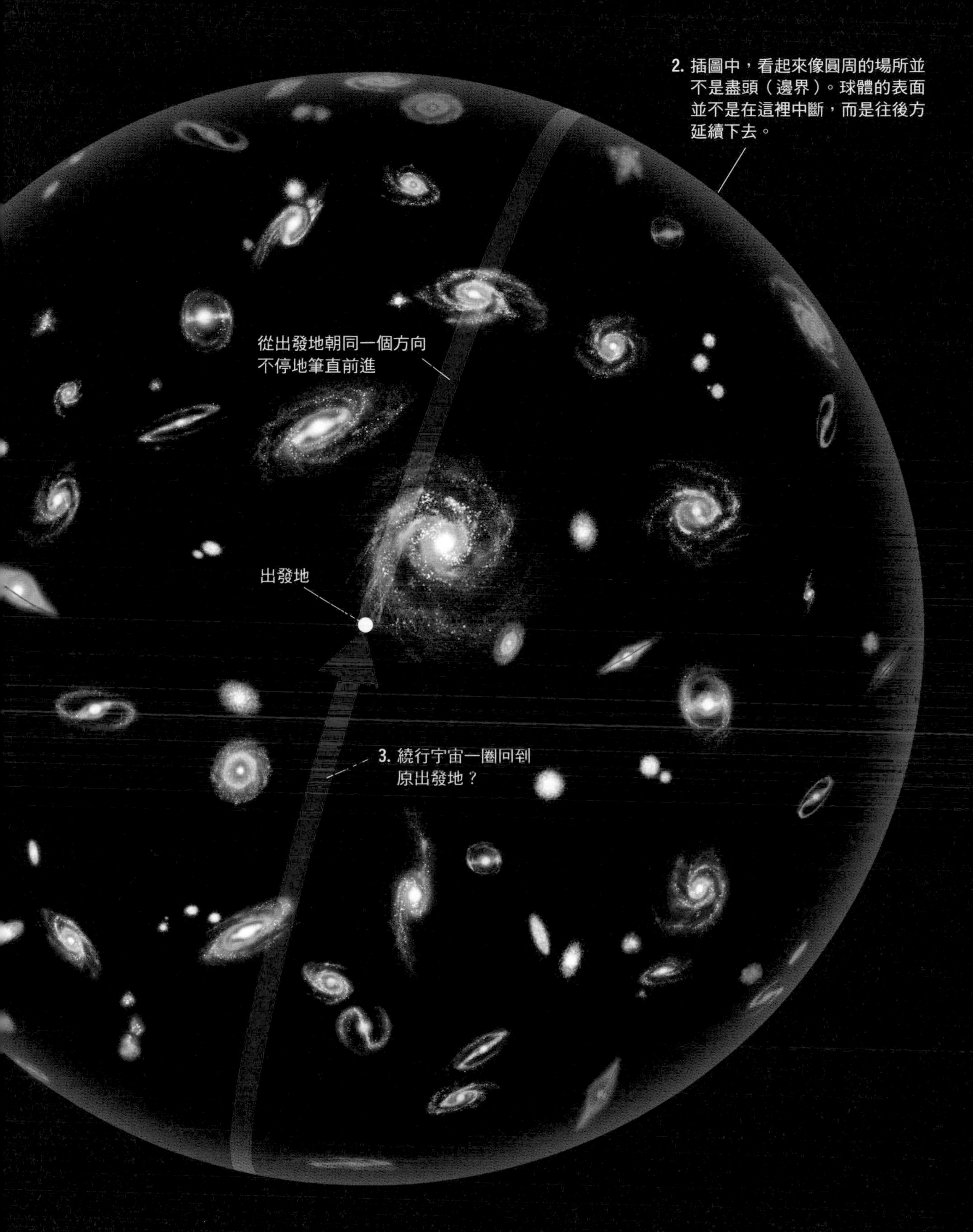
2. 插圖中，看起來像圓周的場所並
不是盡頭（邊界）。球體的表面
並不是在這裡中斷，而是往後方
延續下去。
從出發地朝同一個方向
不停地筆直前進
出發地
3. 繞行宇宙一圈回到
原出發地？

無限或是有限

宇宙是什麼「形狀」？

時空的扭曲有三種不同樣態

現代宇宙論的骨架是根據愛因斯坦（Albert Einstein，1879～1955）的廣義相對論。廣義相義論主張，物質及能量的存在會造成時空（統合時間和空間的概念）扭曲。這個扭曲的樣態稱為「曲率」（curvature）。

在思考整個宇宙的「形狀」時，通常會分為「曲率為0」、「曲率為正值」、「曲率為負值」這三類。曲率為0時，宇宙是「平坦的」，範圍是無限的；曲率為正值時，宇宙是「封閉的」，雖然沒有盡頭但是範圍是有限的；而曲率為負值時，宇宙是「開放的」，範圍是無限的。

宇宙整體的曲率，決定了整個宇宙中存在的物質及能量的數量。根據最近的觀測結果，宇宙似乎大致平坦，但是目前尚未有定論。

空間的曲率和三角形內角和的關係

如果把3維空間描繪成2維的平面，則曲率為0的空間就像一張攤平的紙，三角形的內角和為180度（平坦的宇宙）；曲率為正值的空間可以繪成球體的表面，三角形的內角和大於180度（封閉的宇宙）；曲率為負值的空間可以繪成馬鞍狀物體的表面，三角形的內角和小於180度（開放的宇宙）。

平坦的宇宙

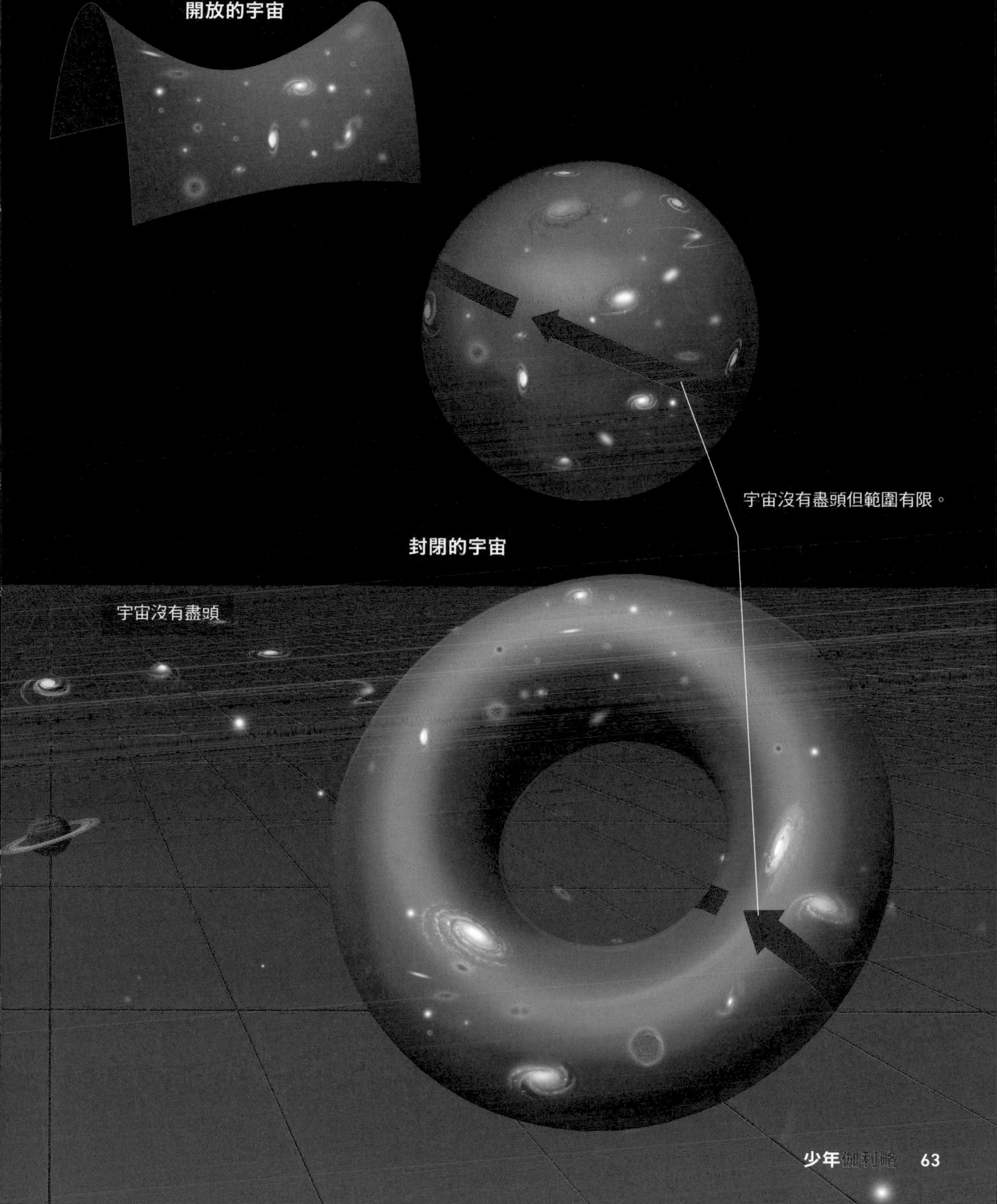
開放的宇宙
宇宙沒有盡頭但範圍有限。
封閉的宇宙
宇宙沒有盡頭

宇宙的外側有其他宇宙？

如果宇宙是有限的，在它的外側有什麼東西呢？

答案是「宇宙沒有『外側』」。外側「有沒有東西」這個問題的前提，在於外側有空間存在。但是，理論上並沒有「宇宙的外側」這樣的空間。因為如果宇宙外側有空間，則仍然屬於宇宙的內部。

不過，也有人認為宇宙是從「無」誕生。如果這個說法正確，從「無」誕生的宇宙可能就不只我們這個宇宙。「無」說不定生出了許多個宇宙。

宇宙其實不是只有我們所在的這個宇宙，這個概念在現代的宇宙論中屢見不鮮。這個概念主張「宇宙的『外側』可能有其他宇宙存在」，不過其中仍有矛盾尚未釐清。

相對於只存在一個的宇宙，有多個存在的宇宙稱為「多元宇宙」（multiverse）或「多重宇宙」。

親宇宙、子宇宙、孫宇宙

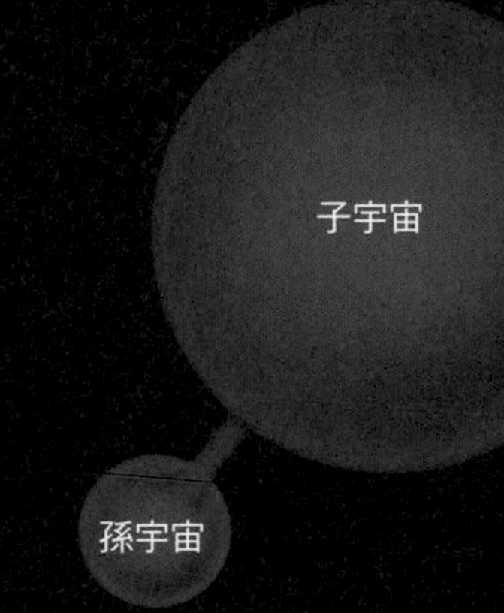

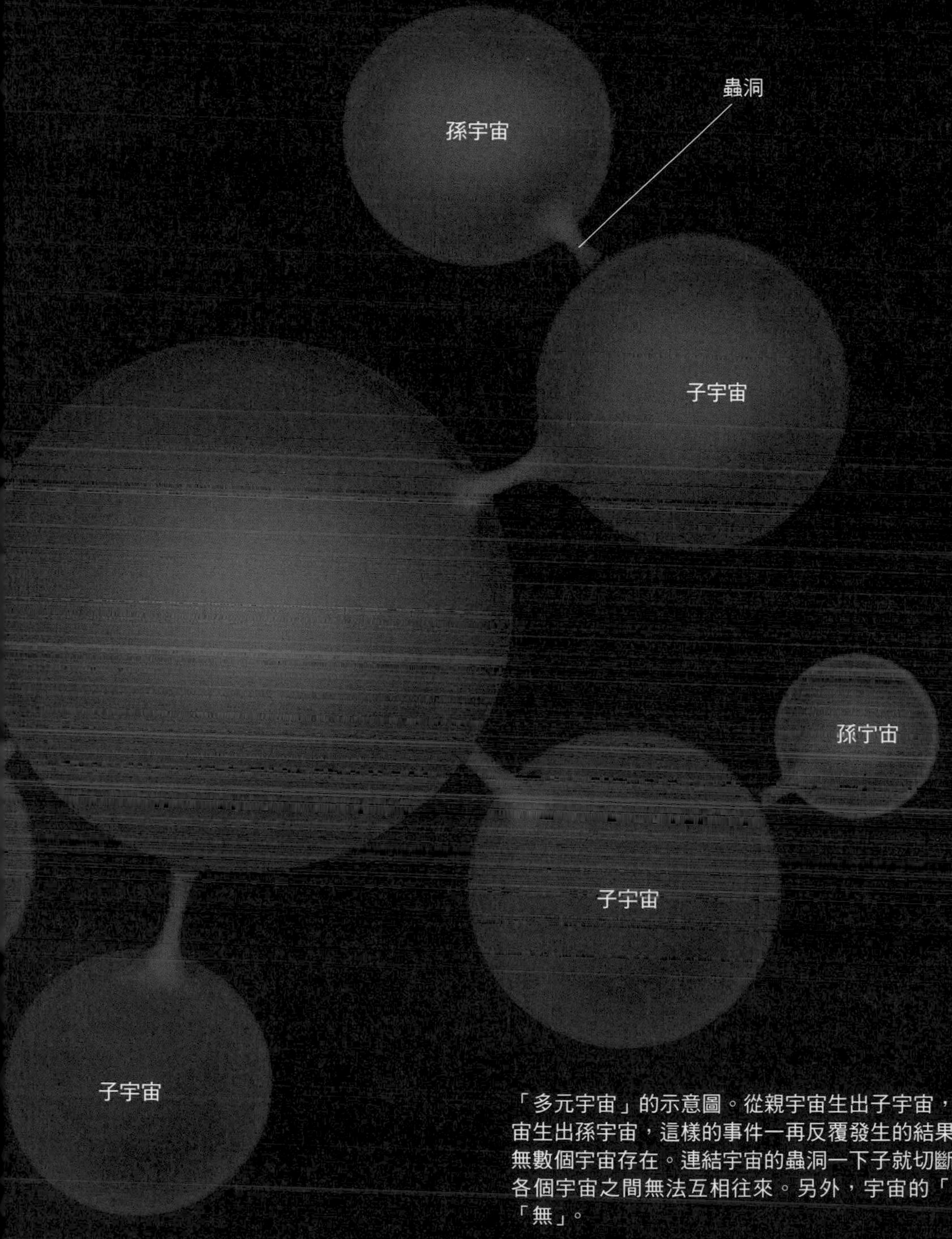

蟲洞
孫宇宙
子宇宙
孫宇宙
子宇宙
子宇宙

「多元宇宙」的示意圖。從親宇宙生出子宇宙，又從子宇宙生出孫宇宙，這樣的事件一再反覆發生的結果，或許有無數個宇宙存在。連結宇宙的蟲洞一下子就切斷了，導致各個宇宙之間無法互相往來。另外，宇宙的「外側」是「無」。

宇宙中的無限大

黑洞中心的密度為無限大

計算出重力的大小也是無限

從這裡開始來探討一下密度的無限大吧！

愛因斯坦的相對論預言了「黑洞」（black hole）的存在。黑洞是一種重力太過強大，就連光也無法從其中逃脫的特殊天體。根據廣義相對論的預測，黑洞中心有個物質密度無限大的「奇異點」（singularity）。

通常恆星在燃燒殆盡時，會藉由本身的重力而塌縮（collapse），成為高密度的天體之後，就會停止繼續塌縮。但如果是非常巨大的恆星，由於本身的重力過度強大，而不會停止塌縮。結果，恆星的質量被壓縮在體積為0的一個點。密度是「質量÷體積」求得的值。若體積趨近於0，則密度會趨近於無限大，於是計算出重力的大小是無限大。

黑洞的模式圖
奇異點
事件視界

宇宙中的無限大

如果掉進黑洞中心會怎樣？

物質最後會成為純粹的能量

密度無限大、重力無限大等，這類事情在這個宇宙中真實存在嗎？或者，這些事情顯示了廣義相對論有破綻？

右邊的插圖表示物體往黑洞掉落的場景。被黑洞吸入的物體，受到黑洞的強大重力所引發的潮汐力（tidal force）而被前後拉長，最後被扯碎。

越接近奇異點重力越大，潮汐力也越強大。物質會從原子分解為「基本粒子」（elementary particle），最後轉化成純粹的能量，朝奇異點墜落。基本粒子是指無法再繼續分割下去的終極微小粒子。奇異點的密度及重力已被計算出是無限大，所以無法根據廣義相對論預測物質朝奇異點掉落時會發生什麼事。

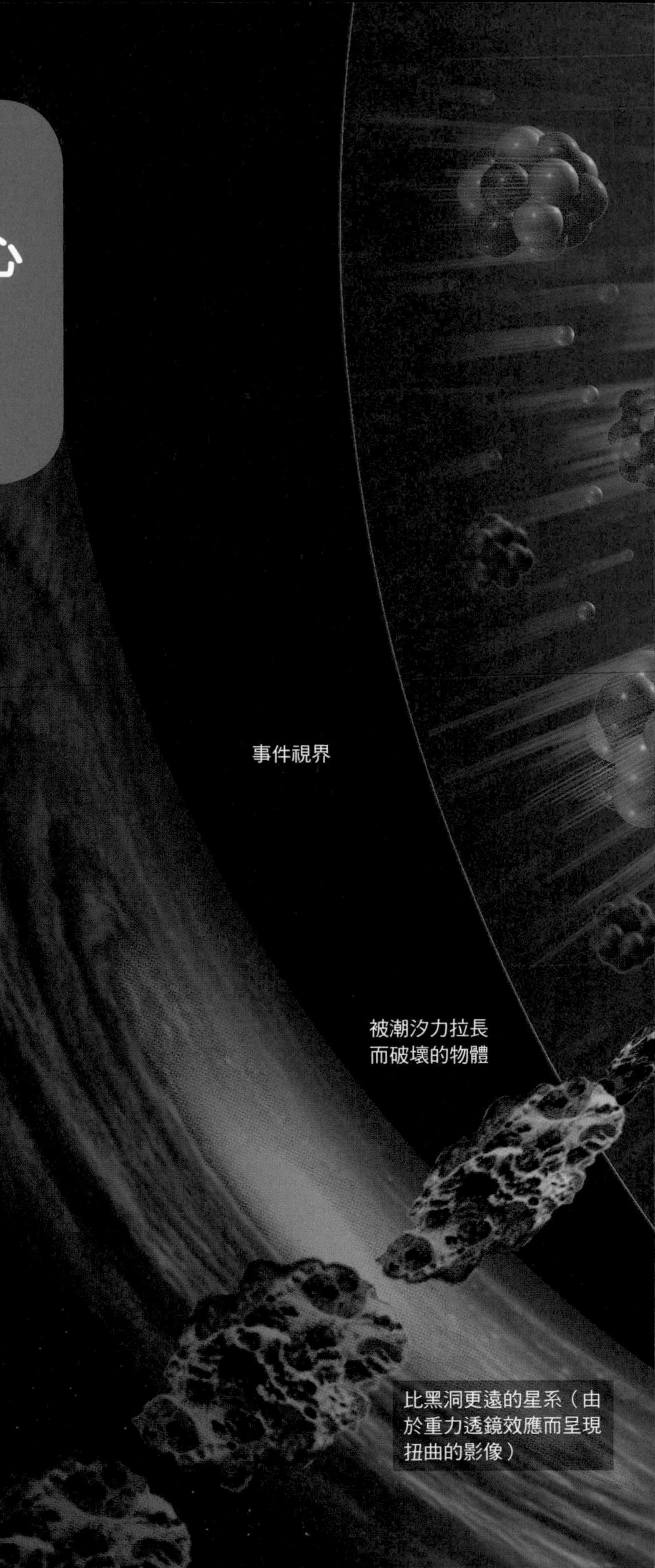

奇異點
能量
夸克
電子
原子核
從事件視界的外面
無法觀測其內部。

宇宙中的無限大

宇宙始於奇異點？

黑洞的研究逐漸闡明了宇宙的誕生

黑洞的表面稱為「事件視界」（event horizon）。物體一旦掉落到這個面的內側，就無法再回到外側了。黑洞的中心可能有個密度無限大的「點」稱為「奇異點」。

在奇異點，所有的物理理論全都無法成立。英國數學物理學家潘洛斯（Roger Penrose，1931～）證明，一旦事件視界形成，它的內部必定會形成奇異點。

英國理論物理學家霍金（Stephen Hawking，1942～2018）注意到，如果將時間逆推思考，這個理論也能適用於宇宙的開端。目前的宇宙正在持續膨脹中，如果將時間回溯，則宇宙會逐漸縮小，最後集中在一個密度無限大的點。霍金在數學上證明了宇宙的開端也必定會產生奇異點。

往過去回溯來思考宇宙的開端

如果把現在正在膨脹的宇宙往過去回溯，則宇宙會逐漸縮小，最後成為一個點。這麼一來，宇宙中所有的物質和能量全都被壓縮在這個點裡面。霍金證明了根據廣義相對論，宇宙必定是從這樣的奇異點開始。

在黑洞的中心形成一個奇異點

就連光也無法逃脫的黑洞表面稱為「事件視界」。潘洛斯證明根據廣義相對論，黑洞的中心必定會形成密度無限大的奇異點。

現在的宇宙

以平面（2維空間）表現實際上是3維空間的整體宇宙。

宇宙中的無限大

解決密度無限大的理論是什麼？

企圖藉由假設基本粒子為「弦」的理論

在我們的身體裡，也有不得不認為它的密度會是無限大的點，那就是構成我們身體的基本粒子。

在基本粒子物理學的標準模型（standard model）中，認為基本粒子是體積為 0 的點。因此，如果計算基本粒子的密度，答案就會是無限大。這麼一來，就變成我們的身體是由黑洞所構成。

備受期待能夠解決這個矛盾，但目前尚未完成的理論是「超弦理論」（superstring theory）。超弦理論假設基本粒子是具備有限長度的「弦」。如果把基本粒子當成弦，則分母的值就不再是 0，所以能使密度和重力的大小都成為有限的值。

基本粒子的種類依弦的振動而定

正如小提琴的弦會振動，構成基本粒子的弦也會振動。小提琴的音色是依據弦的振動而定，基本粒子的種類也是依據構成基本粒子的弦振動而定。

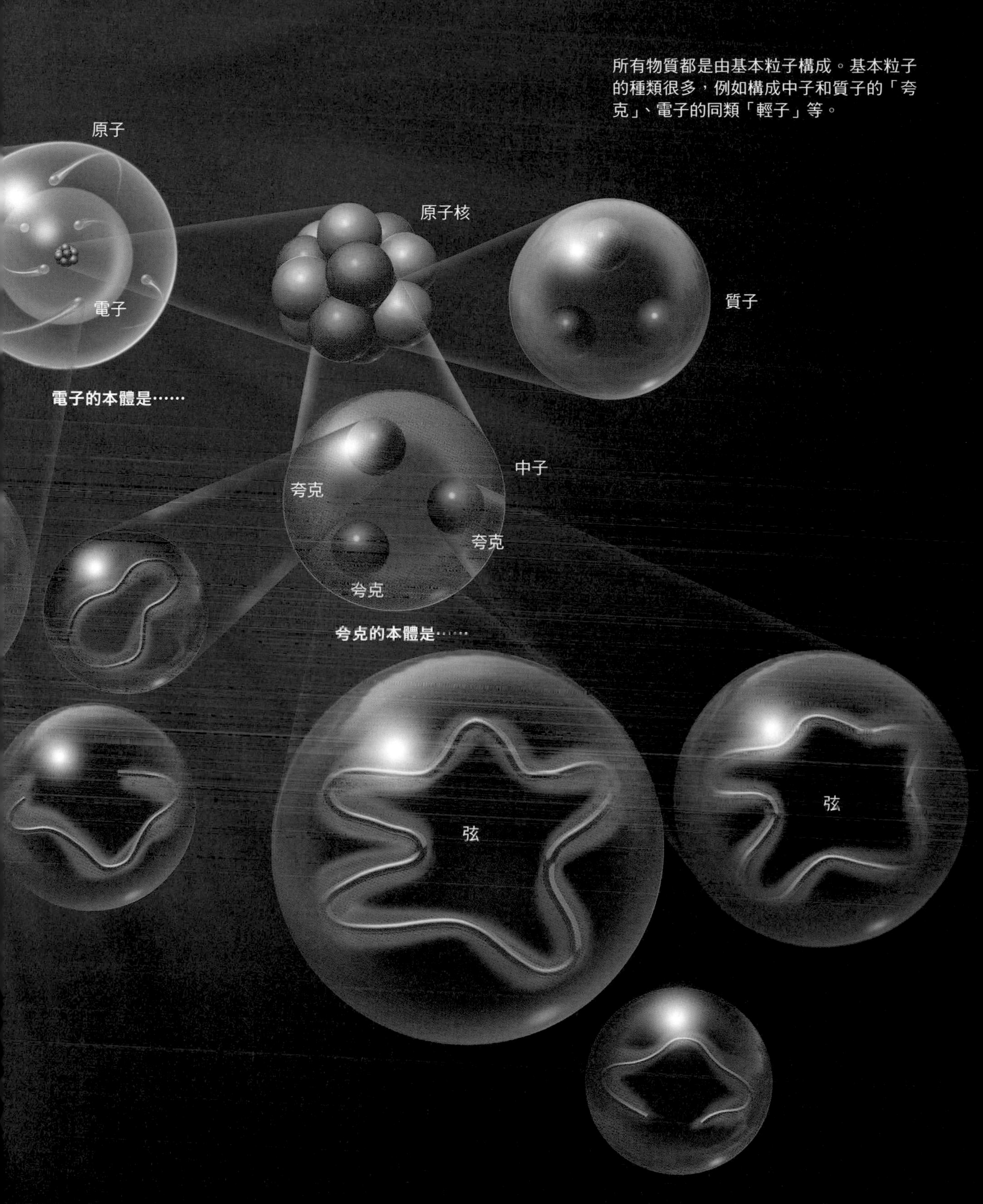
所有物質都是由基本粒子構成。基本粒子的種類很多，例如構成中子和質子的「夸克」、電子的同類「輕子」等。
原子
原子核
電子
質子
電子的本體是……
中子
夸克
夸克
夸克
夸克的本體是……
弦
弦

宇宙中的無限大

潘洛斯的「扭子理論」

現代物理學尖端所提出的新理論

有一些物理學家也曾提出和超弦理論不同的理論。例如前面提過的潘洛斯博士便提出了「扭子理論」（twistor theory）。

這個理論主張，構成時空的點本身並不是實際存在的東西，而是「通過該點的所有光束所創造的二次影像」。如果利用含有複數（由實數和虛數組成的數）的幾何學把光視覺化，會成為如右圖所示，由無數個甜甜圈鑲嵌而成的構造（扭量結構）。

對於無限的探討，促使數學和物理學有了重大的進展。現代科學的最前線也不斷地提出新的理論，嘗試解答無限的謎題。科學界對無限的挑戰，絕對還沒有結束。

扭量結構

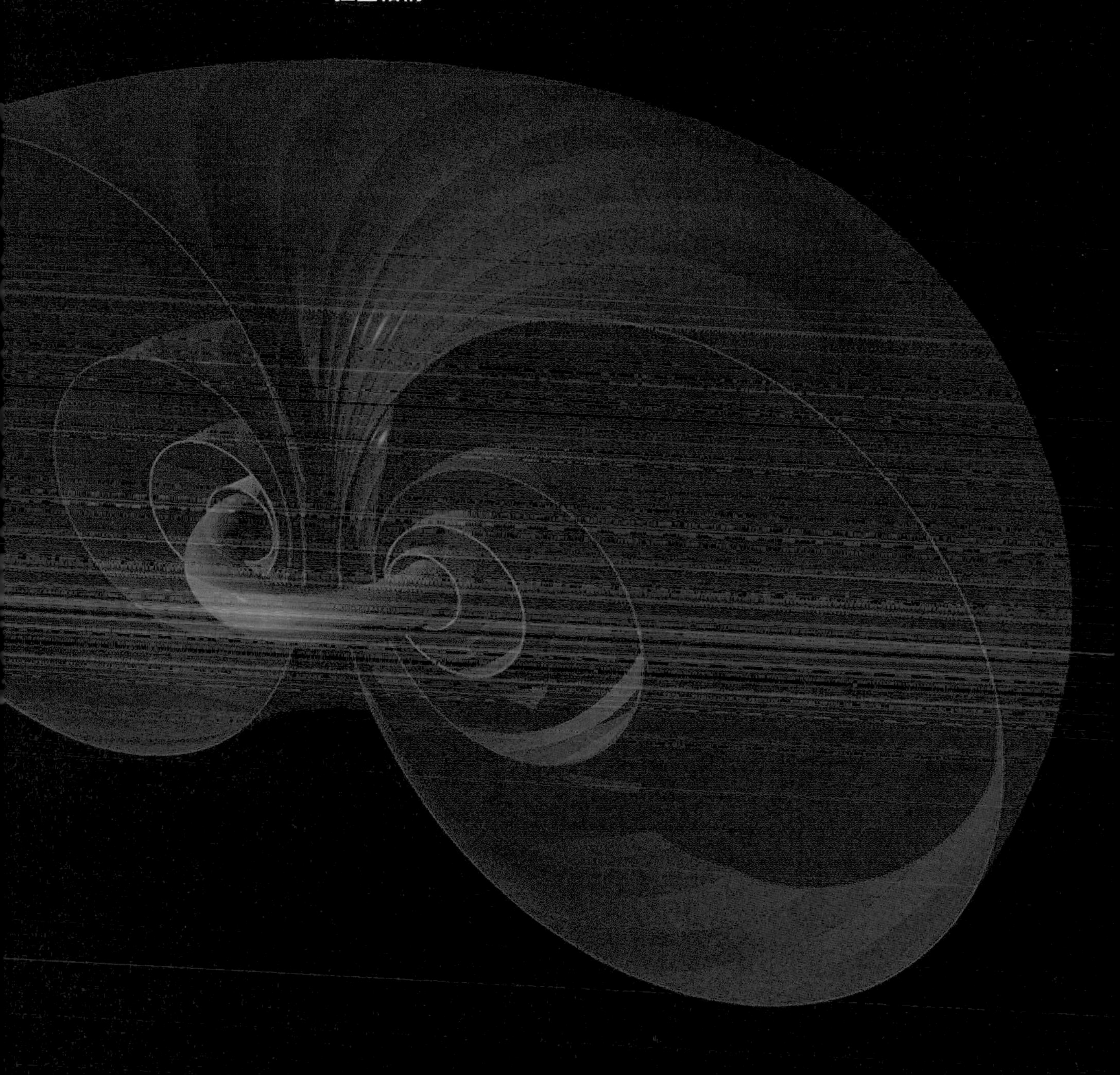

Column

Coffee Break

宇宙會無限地反覆膨脹和收縮？

本圖所示為「循環宇宙論」的概念。根據這個理論，宇宙會反覆經歷「大霹靂→膨脹→收縮→大擠壓→大霹靂→膨脹→收縮→大擠壓→……」的循環。大擠壓（big crunch）是指整個宇宙塌縮成大小為0的點的現象。

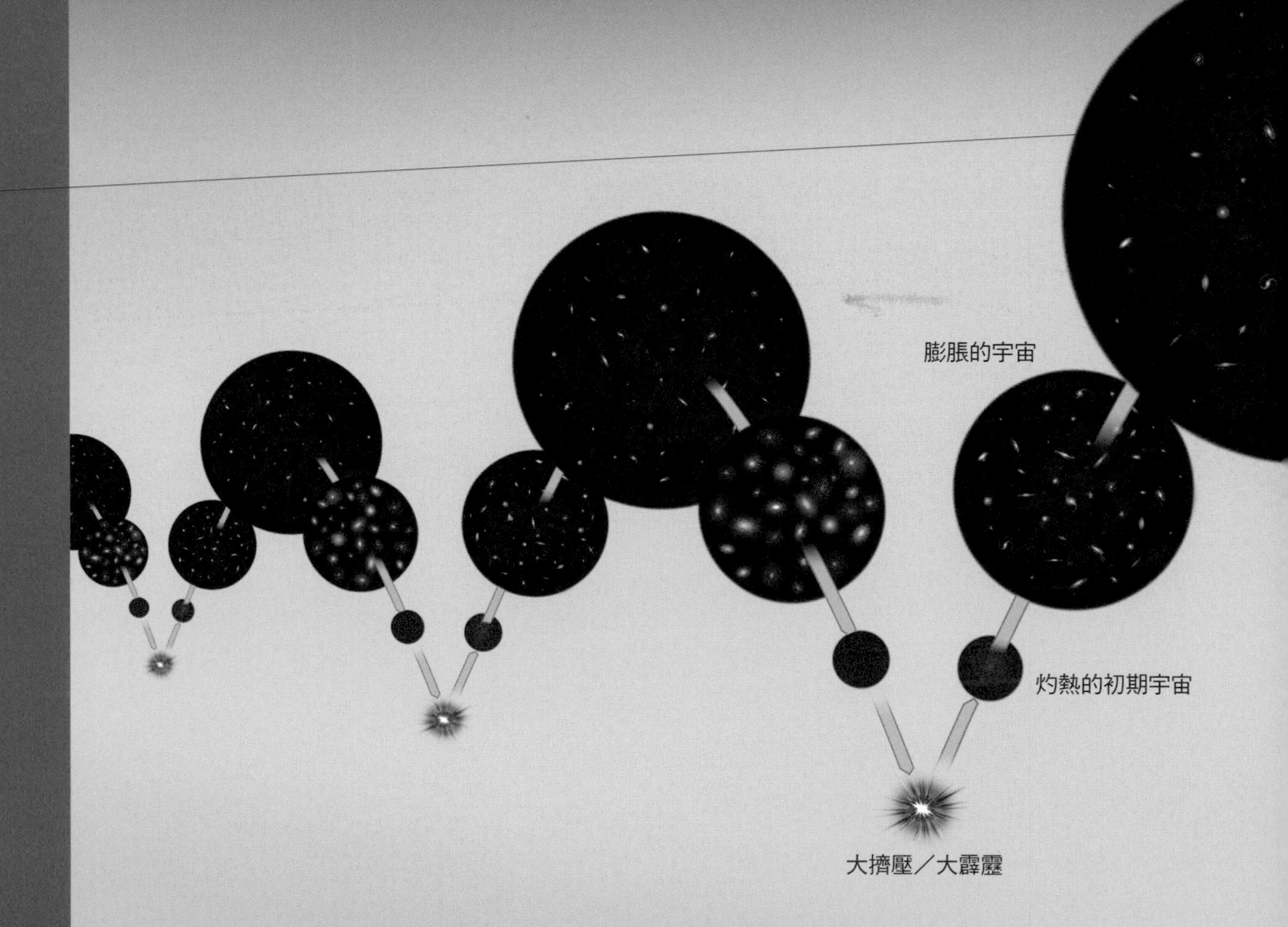

這個點稱為奇異點，密度無限大。在奇異點中，統合處理時間、空間、重力的廣義相對論若無法成立，就完全無法說明在奇異點會發生什麼事情。

若要揭曉這個謎題，或許利用「量子重力理論」（quantum gravity）。這是把廣義相對論和微觀世界的物理學「量子論」統合起來的新理論。而最具有潛力的候選者，就是第72頁介紹的「超弦理論」。

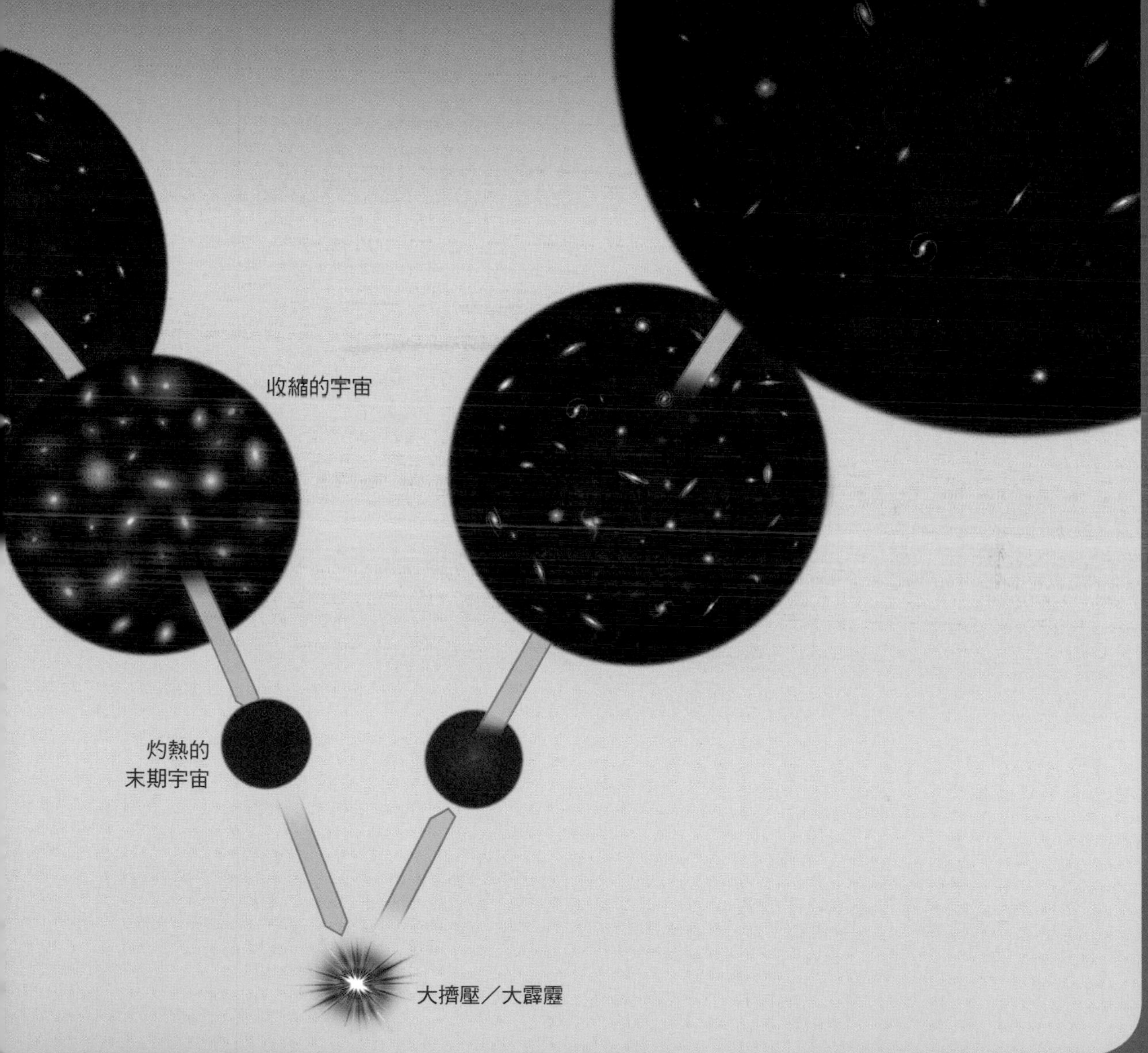

收縮的宇宙

灼熱的末期宇宙

大擠壓／大霹靂

這本《無限》的話題到此告一段落。夜空繁星點點，乍看之下似乎數也數不清。但只要有耐心慢慢數，它的數量終究是能夠數完的有限數，而無限則遠遠超過全宇宙的恆星的數量。例如圓周率，它的數列會無止境地延續下去，我們永遠無法得知它的最後一個數字是什麼。

從古希臘時代開始，不少科學家孜孜不倦地埋首於探討無限。無限雖然遭到古代哲學家排斥，卻孕育出「微積分」等工具，而成為科學發展上極其重要的概念。讀完這本書，是不是會讓你深深感受到無限的神奇與趣味呢？如果對數學有興趣的話，不妨參考人人伽利略20《數學的世界》，可以課外的輕鬆角度，認識數學的奧妙世界。

人人伽利略 科學叢書20

數學的世界

從快樂學習中增強科學與數學實力

本書以許多「數學關鍵字」為主軸，從函數、圓周率、方程式等基礎概念，進階到拓樸學、歐拉恆等式等，依序加深學習概念，帶領讀者進入數學神秘奧妙的世界。接著介紹多位數學家生平與其成就，還有19個數學情境題，與多個困擾數學家百年的世紀謎題，可以跟著腦力激盪，一探究竟這些謎題背後的概念。希望本書能用不同角度，拉近讀者與數學的距離！

★臺灣數學史教育學會理事長 洪萬生老師 審訂、推薦

人人伽利略系列好評熱賣中！

定價：450元

少年伽利略 科學叢書06

微分與積分

讀過就能輕鬆上手！

微積分是許多理工、商學院學生都要修讀的基礎課程，其應用層面非常廣泛，從土地面積到哈雷彗星軌道的預測、拋物線的計算，都要用到微積分，微積分學得好，整個學習的歷程會更順利、更愉快。

本書從微積分的誕生開始，探求23歲的牛頓構想微積分的思考脈絡，依序講解重要公式，再加上大量精美的圖解，最後再整理重要公式，讓讀者更容易從基礎掌握微積分的概念。

少年伽利略系列好評熱賣中！

定價：250元

【少年伽利略 31】

無限

「沒有極限」到底是什麼意思？

作者／日本Newton Press
特約編輯／謝育哲
翻譯／黃經良
編輯／林庭安
發行人／周元白
出版者／人人出版股份有限公司
地址／231028 新北市新店區寶橋路235巷6弄6號7樓
電話／（02）2918-3366（代表號）
傳真／（02）2914-0000
網址／www.jjp.com.tw
郵政劃撥帳號／16402311 人人出版股份有限公司
製版印刷／長城製版印刷股份有限公司
電話／（02）2918-3366（代表號）
經銷商／聯合發行股份有限公司
電話／（02）2917-8022
香港經銷商／一代匯集
電話／（852）2783-8102
第一版第一刷／2022年10月
定價／新台幣250元
港幣83元

國家圖書館出版品預行編目（CIP）資料

無限：「沒有極限」到底是什麼意思？
日本Newton Press作；
黃經良翻譯. -- 第一版. --
新北市：人人出版股份有限公司, 2022.10
面； 公分. ---（少年伽利略；31）
譯自：無限 「限りがない」とはどういうことか
ISBN 978-986-461-306-9（平裝）
1.CST：數學 2.CST：通俗作品

310 111014153

Staff

Editorial Management 木村直之
Design Format 米倉英弘＋川口 匠（細山田デザイン事務所）
Editorial Staff 小松研吾，谷合 稔

Photograph

20〜21 ふわぷか/stock.adobe.com
32〜33 ふわぷか/stock.adobe.com
36 M.studio/stock.adobe.com
42〜43 ふわぷか/stock.adobe.com

Illustration

Cover Design 宮川愛理
2〜9 Newton Press
10〜11 飛田 敏
12〜75 Newton Press
76〜77 飛田 敏